Ulrich Steenberg

Laß deinem Kind sein Geheimnis

HERDER / SPEKTRUM

Band 4651

Das Buch

Kinder haben eine ganz natürliche Beziehung zu allem, was jenseits der vordergründigen Wirklichkeit liegt – das zeigen schon die einfachen und vordergründigen Kinderfragen nach dem Wozu und Wohin und Warum. In dieser Offenheit und Neugier liegt die Chance für Eltern, behutsam auf diese Fragen einzugehen, zu zeigen, daß die Welt sich nicht im rein Materiellen erschöpft: Dabei geht es im weiteren Sinne um Weltorientierung, um Wertevermittlung, aber auch um konkrete Hilfe. Ulrich Steenberg zeigt beeindruckend, daß Kinder, die mit religösen Inhalten aufwachsen, viel besser mit belastenden und Grenz-Situationen (wie z. B. Trauer, Verlassensein etc.) umgehen als andere. Denn sie haben ein größeres Vertrauen in die Welt gewinnen können.Wichtig ist jedoch, richtig auf die Kinder zu hören, ihre Impulse wahrzunehmen, sie aufzunehmen und von da ausgehend kindgerecht und altersgemäß zu reagieren. Die pädagogischen Grundeinsichten Maria Montessoris können hierzu eine Hilfe sein. Montessori war es nämlich besonders wichtig, Freiheit – gekoppelt mit Verantwortungsbereitschaft – einzuüben. Das schließt Indoktrination von vornherein aus. So zeigen viele Beispiele aus den Beobachtungen der großen Pädagogin, wie Eltern Situationen und Fragen nutzen können, um die Dimension des Sinns und eines wertvollen Lebens schon Kindern zu vermitteln. Ulrich Steenberg hat nicht nur die wesentlichen Aussagen Maria Montessoris zum Thema für heute ausgewählt und zusammengestellt. Er erzählt auch anschaulich von eigenen Erfahrungen aus der alltäglichen Praxis in der Montessori-Erziehung – auch als Vater.

Der Autor

Ulrich Steenberg, geb. 1946, Vater von drei Kindern, Diakon, leitet die Kath. Fachschule für Sozialpädagogik in Ulm. Unter seiner Mitwirkung entstanden die Montessori-Zentren in Krefeld und Ulm. Als Theorie-Dozent und Leiter von Montessori-Diplom-Kursen der Montessori-Vereinigung Aachen ist er international tätig. Unter seinen Veröffentlichungen: Handlexikon zur Montessori-Pädagogik (1997), Kinder kennen ihren Weg (3. Aufl. 1998), beide erschienen im Kinders Verlag Ulm.

Ulrich Steenberg

Laß deinem Kind sein Geheimnis

Religiöse Erziehung nach Maria Montessori

Herder
Freiburg · Basel · Wien

Gedruckt auf umweltfreundlichem,
chlorfrei gebleichtem Papier

Originalausgabe

Satz: DTP-Studio Helmut Quilitz
Herstellung: Freiburger Graphische Betriebe 1998
Umschlaggestaltung: Joseph Pölzelbauer
Umschlagbild: © Angelika Vogel
ISBN 3-451-04651-2

Inhalt

Vorwort

„Mir reicht's!"

Manchmal sage ich das laut, manchmal nur in mich hinein.

Aber meine Kollegen in der Katholischen Fachschule für Sozialpädagogik in Ulm wissen genau, was dann kommt.

Ich verlasse meinen Schreibtisch und gehe die Treppen hinunter zu unserem Montessori-Kinderhaus.

Gewissermaßen zur Erholung.

Was ich da finde?

Kinder natürlich. Und noch etwas:

„Die Demut und die Geduld der Erzieherin, die Bewertung des Tuns mehr als bloßer Worte, die Sinnesumgebung zum Beginn seelischen Lebens, das Schweigen und die Sammlung, die von den Kindern erreicht werden, die Freiheit, die der kindlichen Seele gegeben wird, sich zu vervollkommnen, die Sorgfalt, alles, was nicht gut ist, zu vermeiden oder zu bessern, sogar einfachen Irrtum und geringe Unvollkommenheit, die Fehlerkontrolle, die mit meinem Entwicklungsmaterial verbunden ist, und die liebevolle Achtung vor dem inneren Leben des Kindes..." (M. Montessori, Kinder, die in der Kirche leben, S.15)

Genau das finde ich hier.

Jeden Tag.

Und das tut nicht nur mir gut, sondern sicher auch den Kindern.

Ich gebe zu, ich bin ein religiöser Mensch.

Und in diesem Kinderhaus erlebe ich täglich solch eine unverkrampfte, heilende Religiosität. Das darf ich nicht verschweigen.

Mit-teilen möchte ich. Denen, die wie ich Kinder haben, denen wie mir Ratlosigkeit begegnet oder sogar Hilflosigkeit im Bereich religiöser Erziehung.

Ermutigen möchte ich, mit Montessori-Pädagogik einen Weg religiöser Erziehung zu gehen. In der Familie. Im Kindergarten. In der Gemeinde. In der Schule.

Also schreibe ich alles auf: die selbst erlebten ***Alltags-Geschichten***, hinter denen ein tiefer Sinn sichtbar wird, die Gedanken und Erkenntnisse, gewonnen im Zusammenspiel von eigener Erfahrung und Montessoris Schriften, vor allem aber aus der Praxis in Kinderhäusern und Montessori-Schulen. Systematisch muß das ja schon sein, und manchmal auch ein wenig abstrakt.

Aber wir entfernen uns nicht von der Realität.

Ach ja, die Realität: meine eigene Familie.

„Papa, mußt du denn schon wieder schreiben ?"

„Vergiß nicht, morgen ist Elternabend."

„Kommst du zum Essen?"

Ich schreibe und vergesse und komme nicht zum Essen.

„Bist du jetzt fertig?" Jan Gregor fragt es, unser Ältester.

„Ich schau mal nach Fehlern im Text." Benedikt sagt es, unser zweiter Sohn.

„Papa, du mußt mal was für Kinder schreiben", Konstantin fordert es, der Jüngste.

Und Erika, meine Frau, hat Geduld mit uns allen.

Ja, jetzt bin ich fertig. Und dankbar. Besonders meiner Familie.

Ja, ich habe sicher auch Fehler gemacht.

Ja, ich möchte noch weiter schreiben.
Und warum?

Vielleicht wissen Sie eine Antwort, wenn Sie das Buch zu Ende gelesen haben.

Ulm-Wiblingen
Im März 1998 *Ulrich Steenberg*

Laß deinem Kind sein Geheimnis

Er hat ein Geheimnis...

Ich bin ja nun wirklich nicht neugierig.
Aber er ist jetzt schon so lange in seinem Zimmer verschwunden,
und nichts ist zu hören. Wirklich nichts.
Nein, passieren kann auch nichts.
Schließlich sind wir ja vorsichtige Eltern.
Und doch...
Ich schleiche mich an.
Warum die Tür wohl zu ist?
Soll ich klopfen?
Schließlich: Tür auf und rein.
Da sitzt er. Vor sich ein Taschentuch.
Ein schönes, weißes, ausgerechnet.
Und darin?
Er deckt zu.
„Was machst du denn da?"
„Das ist mein Geheimnis."
Was jetzt, Papa?

„Laß deinem Kind sein Geheimnis. [...]

Ein Kind ohne ein Geheimnis wird ein Erwachsener ohne Personalität." (M. Montessori, Spannungsfeld Kind-Gesellschaft-Welt, S. 14/15)

Sehr wenige Erwachsene sind bereit anzunehmen, daß Kinder ihr eigenes Geheimnis haben. Im Gegenteil: alles wissen – alles kennen – alles beeinflussen: Wir wollen doch nur sein Bestes!

„Dieses Geheimnis, das Kinder haben, ist nichts so sehr Mysteriöses. Es ist das Prinzip ihres eigenen Werdens, das sie unmöglich jemandem erklären können, wenn auch ein törichter Erwachsener versuchen möchte, ihnen ihr Geheimnis zu entreißen." (Montessori, a. a. O., S. 15)

Zaghaft, behutsam und respektvoll werden wir uns dem Geheimnis der Kindheit anzunähern versuchen.

Es geht schließlich um nichts weniger als den Sinn des Lebens. Und wir wollen herausfinden, ob Montessori-Pädagogik da einen Dienst leisten kann

Wir tun dies nicht ganz uneigennützig.

Denn es kann durchaus dabei herauskommen, daß wir unser eigenes Leben überdenken, unser eigenes Geheimnis aufspüren, vielleicht Lebenssinn schmecken und unsere Aufgabe als Eltern, Erzieher und Lehrer neu bestimmen können.

Dabei gehen wir mit System vor – ganz typisch für Erwachsene:

Zuerst einmal machen wir uns die Begriffe klar. Wir wollen einander doch nicht mißverstehen. (Kap. 1)

Dann fragen wir uns, ob denn ein Kind überhaupt religiöse Erziehung braucht. Ginge es nicht auch ganz ohne? Wäre das nicht sinnvoller oder doch wenigstens bequemer für uns? (Kap. 2)

Jetzt wird es für uns kritisch: Da wird doch glatt alles umgedreht: nicht wir seien die Macher der religiösen Erziehung – das Kind vielmehr könne uns den Weg dazu zeigen. Ein starkes Stück. (Kap. 3)

Wir müssen reagieren. Aber in welchem Rahmen? Mit

welchem Ziel? Freiheit? Mündigkeit? Schön und gut – aber was hat das mit religiöser Erziehung zu tun ? (Kap. 4)

Jetzt wird es klar: An uns bleibt ja doch die Hauptarbeit hängen. Wir sind die Pädagogen. Aber muß der religiöse Erzieher im Sinne Montessoris denn wirklich ein anderer Mensch sein? Ob das nicht zuviel verlangt ist? (Kap. 5)

Die Praxis ist gefragt.

Wir fragen nach: Kann man durch die Sinne zum Sinn des Lebens finden? (Kap. 6) Ist Stille ein besonderer Weg dorthin? (Kap. 7) Wie wirken Konzentration und Kontemplation auf Kinder? (Kap. 8) Gibt es Zeiten, wo Kinder mühelos Sinnerfahrungen machen können? Welche und wann? (Kap. 9)

Und all das gerade heute, wo uns doch klar wird, wie alles mit allem zusammenhängt. „Kosmische Erziehung": ein esoterischer Weg der Selbsterlösung oder der Königsweg religiöser Erziehung? (Kap. 10)

Wir werden sehen.

Was wir nicht sehen werden, ist die Mitte der kindlichen Persönlichkeit. Auch wenn wir dies noch so sehr wollen. Denn da ist Gott vor – und da **sei** Gott vor.

Laß deinem Kind sein Geheimnis – und dann mach' dich auf den Weg religiöser Erziehung nach Maria Montessori.

Das ist die Einladung dieses Buches.

Kapitel 1

„Lieber Gott, mach mich fromm ...“
Was ist das: religiöse Erziehung?

„Mein Kind soll sich später mal selber für einen Glauben entscheiden können. Wir lassen es auch nicht taufen. Dann ist es ja festgelegt.“

„Wir sind ein städtischer Kindergarten. Da müssen Sie verstehen, daß es bei uns keine religiöse Erziehung gibt.“

„Mit den jungen Familien ist heute nicht mehr viel anzufangen. Sie haben ja noch nicht einmal mehr Ahnung vom Christentum. Die Kinder tun mir jetzt schon leid.“

„Man sollte unseren katholischen Kindergarten lieber der Gemeinde übergeben. Von religiöser Erziehung ist da doch nichts zu sehen.“

Eine bunte Vielfalt von Meinungen angesichts religiöser Erziehung. Und selbstverständlich geht dies noch weiter. In die Familien hinein, in die Schule. Wir sind uns nicht einig in Sachen religiöser Erziehung. Die einen sagen: Religiöse Erziehung? Die erkenne ich daran, daß unsere Kindergartenkinder bei der Fonleichnamsprozession ein gutes Bild abgeben.

Andere äußern: Heute brauchen wir ökologisches Bewußtsein – das ist für mich religiöse Erziehung.

Und dritte sind der Auffassung: In der Hektik unserer Zeit, da muß man mit Meditation dagegenhalten, da muß man einfach anders leben lernen: Das ist für mich religiöse Erziehung.

Auch dies ließe sich noch beliebig fortsetzen.

Ich denke, wir tun gut daran, uns erst einmal auf einen Begriff von religiöser Erziehung zu verständigen. Sonst reden wir aneinander vorbei.

Manchmal werden einem grundlegende Fragen auf einfache Weise anschaulich gemacht. So ging es mir zum Beispiel:

Vom Regenwurm zum Lebenssinn

Endlich hatten sie die Straße hinauf zu unserer Dorfkirche geteert.

Der Parkplatz war groß und schön hergerichtet, aber bei der Fahrt durch das Wäldchen über die holprige, lehmige Zufahrt wurden die sonntagssauberen Autos der Kirchenbesucher wieder schmutzig.

Es hat geregnet. Und wie.

Hunderte flüchtender Regenwürmer retten sich vom Acker auf die Straße.

„Tritt bloß nicht drauf, Papa", sagt der dreijährige Konstantin, als wir frühmorgens mit dem Hund unterwegs sind.

Lebenshungrig kringeln sich die Würmer in Richtung des rettenden Straßenrandes. Wir bewundern ihre eigenartige Eleganz. Den einen oder anderen tragen wir behutsam in die Wiese, überlegen sogar, wie er heißen könnte.

Drei Stunden später.

Wir sind wieder draußen.

„Nein, Papa, nein!" schreit Konstantin. Hunderte von Regenwürmern sind plattgefahren, zerquetscht von den Autoreifen der Kirchenbesucher.

Er kämpft mit den Tränen.
Und dann fragt er:
„Warum haben die die Regenwürmer einfach totgemacht?“

Ja, warum?
Warum muß die Oma sterben?
Warum hat der Papa keine Arbeit?
Warum ist mein Bruder stärker als ich ?
Warum …?

Schon früh, sehr früh stoßen Kinder auf Fragen, die sie zutiefst berühren, sie betroffen machen. Es geht dabei um Sinn, letztlich um den Sinn des Lebens. Existentielle oder **Sinnfragen** ist die Bezeichnung dafür. Ob wir wollen oder nicht: Ein Leben lang werden wir Menschen von solchen Sinnfragen begleitet. Es wäre vermessen anzunehmen, daß Sinnfragen von Kindern weniger wertvoll und ernsthaft seien als solche, die wir Erwachsenen uns stellen. Im Gegenteil. Zum ersten Male – und heute oft schon viel zu früh – stoßen Kinder an die Grenzen menschlicher Möglichkeiten. Sie machen **Grenzerfahrungen.** Der zerquetschte Regenwurm zum Beispiel löst in dem Augenblick, wo das Kind ihn bemerkt, in dem gleichen Maße und mit vergleichbarer Intensität das aus, was man **existentielle Betroffenheit** nennt, ebenso wie wenn das kleine Kind am Totenbett der Oma steht. Viele Erwachsene meinen, dem Kind etwas Gutes zu tun, wenn sie es vor solchen Erfahrungen bewahren. Aber wenn die Oma tot ist, ist sie tot. Und das Kind hat ein Recht darauf, in kindgemäßer Weise mit dieser Situation umgehen zu dürfen.

Aber wie soll das geschehen?

Sinnfragen als Folge von Grenzerfahrungen und existentieller Betroffenheit bedürfen einer **Sinnantwort.**

Solange es Menschen gibt, haben sie um eine möglichst endgültige Antwort auf die Sinnfrage gerungen. Uns geht es heute nicht anders. Wir stehen dabei in der geistigen Tradition von mehr als zwei Jahrtausenden.

Also,welche Antworten gibt es?

Grundsätzlich müssen wir zwischen zwei Antworten wählen.

Die erste: Alles hat letztlich keinen Sinn.

Die zweite: Alles hat letzlich (s)einen Sinn.

Niemand von uns ist in der Beantwortung dieser letzten aller möglichen Sinnfragen festgelegt.

Und wie kommen wir zu einer Antwort?

Durch Lebenserfahrungen sicherlich, durch die Begegnung mit anderen Menschen, den Austausch und Dialog mit ihnen, durch die Verknüpfung von Erfahrungen, Begegnungen und eigenen Gedanken.

Wie dem auch sei: Wir werden uns irgendwann zwischen den beiden genannten Grundmöglichkeiten entscheiden. Wenn wir uns umschauen, können wir bei unseren Zeitgenossen verschiedene Grundpositionen entdecken.

Da gibt es Menschen, die zu der Auffassung gekommen ist, daß es nichts (lat. nihil) gibt, was unserem Leben Sinn verleihen könnte, wir sprechen von sogenannten Nihilisten.

Es gibt eine ganze Philosophie des Nihilismus (z.B. Nietzsche, Heidegger, Sartre). Ob eine solche Sinnantwort Konsequenzen für die Lebensgestaltung eines Menschen hat? Wenn letztlich kein Sinn vorhanden oder erkennbar ist, wovon sollte man Normen und Werte verbindlich ableiten? Gibt es überhaupt noch Schuld? Wonach also soll man sich richten? Ist der Wille zur Macht, der Erwerb von Macht vielleicht das einzige sinnstiftende Lebensprinzip? Bei einem Nihilisten im Sinne Nietzsches ist das so. Erklärt man den Willen zur Macht zum sinnstiftenden Prinzip, so hat dies Folgen für unser Zusammenleben.

Viele Menschen, und es ist wohl die Mehrheit auf unserer Welt, sind der Auffassung, daß es einen Sinn des Lebens gibt.

Aber ist er auch erkennbar?

Es gibt darauf drei sehr unterschiedliche Antworten.

Eine große Anzahl von Menschen sagt: Ich kann einen solchen Sinn nur dann als wirklich annehmen, wenn er mir auch wissenschaftlich bewiesen werden kann. Einen solchen Beweis kann ich bis heute nicht erkennen. Wir sprechen von Agnostikern. Weil damit für sie auch ein Zugang zu Gott (griech. theos) grundsätzlich nicht existiert, sind sie zwangsläufig auch Atheisten. Dennoch gibt es für sie durchaus einen letzten Sinn des Lebens, der sich aus rein innerweltlichen (immanenten) und berechenbaren Zusammenhängen ableiten läßt.

Und woran erkennt man dann einen religiösen Menschen?

Der religiöse Mensch geht auf Grenzerfahrungen und die damit verbundenen Sinnfragen anders zu. Er stellt für sich fest: Ich stoße bei meinen Sinnfragen immer wieder an die Grenzen meines Denkens und unserer Realität. Aber es ist doch durchaus möglich und sinnvoll, wenn es jenseits der mir zugänglichen Wirklichkeit noch eine andere gibt. Mit wissenschaftlichem Denken oder Experimenten kann ich sie nicht erreichen. Das heißt jedoch nicht, daß es sie nicht gibt.

Wer in etwa so denkt, ist offen dafür anzunehmen, daß es eine Wirklichkeit gibt, die unsere Realität überschreitet (lat. transcedere). Ein religiöser Mensch ist also offen für Transzendenz. Seit es Zeugnisse menschlicher Kultur auf unserer Welt gibt, gibt es auch transzendenzbezogene Sinnantworten, man nennt sie Religionen.

In der Geschichte der Religionen hat man immer Bezeichnungen für das Transzendente gesucht, menschliche Begriffe für das, was sich dem menschlichen Begreifen entzieht. Einer der wichtigsten dieser Begriffe ist Gott.

Was hat das alles mit Erziehung zu tun?

Es ist sicher so, daß aus den verschiedenen Sinnantworten auch verschiedene Wege der Erziehung erwachsen. Und deshalb sollten wir uns mit den beiden folgenden Fragen auseinandersetzen:

Die erste lautet:

„Will ich meinem Kind einen Lebenssinn vermitteln?"

Die zweite Frage heißt – sofern man sich für eine Erziehung zum Lebensinn entschieden hat: „Will ich meinem Kind eine Sinnantwort mit Gott offenhalten und möglicherweise anbieten?"

Jetzt können wir uns auf einen Begriff von religiöser Erziehung einigen:

Religiöse Erziehung heißt dann, den Kindern Wege offenzuhalten und anzubieten, die ihnen ermöglichen, einen Lebenssinn vom Transzendenten her zu finden. Sprechen wir von einer religiösen also als einer **transzendenzoffenen Erziehung**. In unserer Kultur würde man sagen: Religiöse Erziehung ermöglicht Kindern, zu Gott zu finden.

Für unsere Familie haben wir die beiden Fragen wie folgt beantwortet:

Wir fänden es schrecklich für unsere Kinder und für das Zusammenleben der Menschen, wenn der Sinn des Lebens darin bestehen würde, Macht zu erwerben und alles der persönlichen Laune zu unterwerfen.

Wir fänden es traurig für unsere Kinder und überhaupt für das Zusammenleben der Menschen, wenn nur noch das als Wirklichkeit erlebt würde, was meßbar und berechenbar ist. Es fehlte damit eine Dimension des Lebens.

Wir haben die Erfahrung gemacht, daß dem Menschen das Transzendente in vielfacher Weise zugänglich ist. Das wollen wir unseren Kindern nahebringen.

Eine agnostisch-atheistisch-materialistische Erziehung kommt daher für uns nicht in Frage.

Wir möchten durch unsere Erziehung das Leben unserer Kinder so reich wie möglich machen. Daher haben wir uns für eine religiöse Erziehung unserer Kinder entschieden. In der Montessori-Pädagogik fanden wir einen kindgemäßen Weg.

Religiöse Erziehung heißt dann:

Die Kinder werden mit ihren Grenzerfahrungen und Sinnfragen nicht nur auf sich selbst verwiesen und auf die Begrenztheit der Menschen, denn ihnen ist die Möglichkeit offengehalten, **in Gott eine tragende Sinngrundlage für die Erfahrungen ihres Lebens zu finden.**

Und noch etwas kann nach unseren Erfahrungen mit Kindern – und nicht nur den eigenen – ziemlich sicher gesagt werden: Kinder brauchen diesen Weg erst gar nicht zu suchen, denn er ist in ihnen für sie vorbereitet (siehe Kap. 3).

Dennoch ist die Hilfe der Erwachsenen dabei von entscheidender Bedeutung.

In jeder pädagogischen Einrichtung sollte daher, sofern dies nicht ausdrücklich anders bestimmt ist, religiöse Erziehung stattfinden, um den Kindern eine Teilhabe an *allen* Dimensionen des Lebens zu ermöglichen.

Gilt das denn so allgemein? Für die Familie – ja, da kann man das noch akzeptieren. Aber muß man in staatlichen oder kommunalen Einrichtungen nicht ganz anders denken?

Könnte andererseits die Berufung auf die weltanschauliche Neutralität des Staates in manchen Fällen nicht auch Ausdruck einer gewissen Ratlosigkeit im Umgang mit Grenzerfahrungen und Sinnfragen sein?

Religiöse Erziehung auch in staatlichen und kommunalen Einrichtungen zu leisten, muß nicht bedeuten, daß die weltanschauliche Neutralität aufgegeben wird.

Die **Montessori-Pädagogik** kann hilfreich sein, weil sie religiöse Erziehung ist, ohne zwangsläufig in einen bestimmten Glauben hineinzuführen.

In staatlichen oder städtischen Einrichtungen darüber hinaus auch noch eine inhaltliche (Glaubens-)Antwort anzubieten, ist zwar sinnvoll, kann und darf aber nicht erzwungen werden.

Der einzelne Erzieher, die Erzieherin, lebt jedoch eine solche Antwort immer schon vor.

Andererseits ist unsere Kultur durch ihre Geschichte christlich geprägt. Insofern gehört das Vertrautmachen mit christlicher Kultur zum Bildungsauftrag auch staatlicher Einrichtungen (z. B. Kindergärten).

Kindern einen Weg in den Lebenssinn zu eröffnen, ist jedoch immer auch und zuerst Aufgabe der Eltern.

Was aber ist, wenn sie sich in dieser Hinsicht als sprachlos empfinden, keine religiöse und erst recht keine Glaubenssprache mehr sprechen?

Auch hier kann Montessori-Pädagogik sinnvoll sein, denn sie hilft Eltern, eine religiöse Sprache wiederzufinden.

Vom Regenwurm zum Lebenssinn (Fortsetzung)

Traurig stehen mein Sohn und ich da und betrachten die toten Regenwürmer.

„Es ist nicht gut, was wir Menschen da anrichten", sage ich.

„Aber warum machen wir es dann?"

Sinnfragen, Grenzerfahrungen.

Wie kann ich ihm helfen, wie helfe ich mir selbst in dieser konkreten Alltagssituation?

„Papa, kommen die Regenwürmer auch in den Himmel?"

Ich denke nach. Und noch ehe ich antworten kann:

„Papa, kommen die auch in den Himmel, wenn die nicht beerdigt sind?"

Ein Himmel für Regenwürmer?

Wenn bei Gott alles aufgehoben ist, weil alles von ihm kommt – warum nicht auch das?

Es beginnt ein schwieriges Unterfangen: Regenwürmer beerdigen.

Als ich ihm sage, daß die toten Regenwürmer vielen anderen Waldtieren zur Nahrung dienen, ist unsere Arbeit beendet.

Kinder für einen Sinn ihres Lebens zu sensibilisieren, sie für eine eigene Antwort mit Gott offenzuhalten, bedeutet religiöse Erziehung zu praktizieren.

Viele Menschen möchten dabei noch mehr tun als das.

Solange es Menschen gibt, haben sie versucht, Verbindung zum Jenseitigen, zum Transzendenten, zu den Göttern, zu Gott aufzunehmen. Und immer auch haben die Götter, hat Gott sich ihnen, so haben sie es erfahren und überliefert, in verschiedenster Weise mitgeteilt. **Offenbarung** nennen das die Fachleute.

Daher war (und ist) es den Menschen ein Anliegen, sich die jenseitigen Mächte wohlgesonnen zu machen. Man feierte, man opferte, man betete.

Die Beziehung der Menschen zum Jenseitigen nahm schließlich in den verschiedenen Kulturen eine feste Form an, die sich zuerst in bestimmten Ritualen, schließlich in festen Aussagen über Gott und Mensch äußerte. Kult und Lehre banden die Menschen zu einer Glaubensgemeinschaft zusammen.

Der weitaus größte Teil der Menschheit lebt in solchen Gemeinschaften, verbunden und getragen von einem gemeinsamen Glauben.

Dieser Glaube bietet eine Lebensantwort auf die Grenzerfahrungen und Sinnfragen des Menschen.

Infolgedessen gibt es auch eine **Glaubenserziehung**, die die Kinder in den Kult und die Lehre eines bestimmten Glaubens hineinführt. Ein solcher Glaube, zumal wenn er sich über Jahrhunderte und Jahrtausende in einer Kultur erhält, prägt in allen Lebensbereichen bis hin zur Rechtsprechung das Zusammenleben der Menschen. Glaubenserziehung bietet dem Menschen daher nicht nur eine existentielle Antwort auf die Grundfragen seines Lebens, sie bewirkt auch kulturelle Identität.

Insofern könnte man sagen, daß jedes Kind eine Glaubenserziehung benötigt.

Allerdings sind in unserer Kultur die Grundlagen des christlichen Glaubens nicht mehr für alle gültig, und eine Reihe anderer Glaubensformen (z. B. Islam, Buddhismus) ist inzwischen zugänglich geworden.

Religiöse Erziehung soll glaubensoffen machen, da sind wir uns einig, aber inwieweit darf sie einen Glauben vermitteln?

Die Antwort bleibt den Eltern vorbehalten: Ihre Kinder lernen ohne jede Anstrengung eine Muttersprache – sollten sie von Geburt an nicht gleichermaßen auch eine religiöse Sprache, eine Glaubenssprache lernen?

Die Montessori-Pädagogik nimmt hierzu Stellung und hilft weiter (siehe Kap. 10).

Lieber Gott und Nougat-Creme

Das gibt es nicht alle Tage im Montessori-Kindergarten: gemeinsam frühstücken. Jeder darf mitbringen, was er am liebsten ißt. Und dann wird ein Buffet aufgebaut. Die Tische sind von den Kindern liebevoll vorbereitet.

Natürlich ist jeder Tisch anders als alle anderen, so vielfältig, wie auch die Kinder sind.

Und was steht hinterher auf jedem Tisch?

Nicht Vollkornmüsli, nicht Biobrot. Nuß-Nougat Creme. Na klar.

Da sitzen sie nun, und manche greifen zum Brötchen, als Ayse ruft: „Und jetzt noch beten." Und dann beten sie: „Alle guten Gaben, alles, was wir haben, kommt, o Gott, von Dir, wir danken Dir dafür." Ayse gehört dem islamischen Glauben an und fünf andere Kinder auch, Torsten ist Zeuge Jehovas, Birgit bei den Baptisten, die andern neunzehn Kinder sind evangelisch oder katholisch. Jeder betet mit. Lauter oder leiser. Jeder kann mitbeten. Denn dieses Gebet paßt zu jedem Glauben.

Beten macht den Kindern offensichtlich Spaß.

Nuß-Nougat-Creme auch.

Es gibt viele solcher Gebete. Kinder haben einen unmittelbaren Zugang dazu. Warum sollten wir sie ihnen vorenthalten? Ob mit oder ohne Nuß-Nougat-Creme…

Kann sich diese Szene wirklich nur in einem Montessori-Kinderhaus ereignet haben? Muß es zusätzlich ein katholisches gewesen sein? Doch wohl nicht.

Und dennoch: Wenn in unserer Gesellschaft jemand in die Glaubensgemeinschaft der Christen aufgenommen wird, so wird er in der Regel katholisch oder evangelisch getauft. Es ist nun einmal so, daß sich in der Geschichte des Christentums im Bereich von Kult und Lehre verschiedene Differenzierungen ergeben haben, deren Beziehung zueinander erst allmählich wieder im Blick auf den gemeinsamen Ursprung neu definiert wird. So erleben wir als eine besondere Form der christlichen Glaubenserziehung die **konfessionelle Erziehung.** (Diese gibt es in anderen Glaubensgemeinschaften übrigens auch.)

Oft aber macht sich gerade die konfessionelle Erziehung an Äußerlichkeiten fest, und die Unsicherheit in Familie und Kindergarten ist groß. Da betreibt man im Christentum etwa zu Ostern und Weihnachten Traditionspflege – aber was wird tradiert und warum? Wer steht noch dahinter? Da suchen Familien vertraute Gemeinschaft in der Kirche: Man will erleben und findet Leblosigkeit, man will verstehen und findet Verstummen.

Die Krise der konfessionellen Erziehung in Familien und kirchlich-christlichen Einrichtungen ist Spiegel der Schwierigkeit christlicher Kirchen, die Sprache des Christentums in unsere Zeit eindeutig und lebensfroh im Sinne des Evangeliums als froher Botschaft hineinzutragen.

Die Montessori-Pädagogik kann hier vielleicht Wege weisen.

Ob wir jetzt Klarheit gewonnen haben, damit wir uns besser über religiöse Erziehung verständigen können ? Unsere Auffassung ist:

Alle Kinder brauchen religiöse Erziehung.

Kinder haben ein Recht auf Glaubenserziehung. Konfes-

sionelle Erziehung tut Kindern gut, wenn sie ins tägliche Leben eingebunden ist.

Montessori-Pädagogik kann bei alledem einen Dienst leisten.

Papa, jetzt kann ich schlafen...

Ein bißchen kuschle ich mich auch unter die Bettdecke. Die Gute-Nacht-Geschichte ist vorgelesen. Jetzt beten wir noch.
„Papa, du fängst heute an." Ich fange an.

„Lieber Gott, ich habe mich heute geärgert, daß ich auf der Donaubrücke so schnell gefahren bin und jetzt eine Strafe zahlen muß. Morgen will ich früher aufstehen und beim Rasieren nicht mehr so trödeln. Ich danke dir dafür, daß der Spaziergang mit Bäry (unser Hund) und Konstantin heute so lustig war." – „Jetzt bist du dran."

Konstantin: „Lieber Gott, ich danke dir, daß mein Backenzahn endlich raus ist. Es tat auch gar nicht weh. Morgen will ich dem Benni meine Meinung sagen, weil der heute so gemein war. Gib mir bitte die passenden Worte. Und laß die Omama und die Oma nicht so schnell sterben."

Zum Schluß sagen wir: „Im Namen des Vaters und des Sohnes und des Heiligen Geistes. Amen." Und wir machen das Kreuzzeichen.

Und dann sagt Konstantin meistens: „So, jetzt kannst du gehen." Das tue ich auch. Beruhigt und ein bißchen glücklich.

Was spielte sich da ab? Religiöse Erziehung? Glaubenserziehung? Konfessionelle Erziehung?

Unser Nachtgebet zeigt: Unmerklich gehen religiöse und

Glaubenserziehung ineinander über, wenn die Voraussetzungen dafür gegeben sind. Kinder können damit gut umgehen. Die Probleme liegen eher bei uns, den Erwachsenen.

Wir könnten einen Wegweiser gebrauchen.

Vielleicht können uns die Kinder weiterhelfen?

Montessori-Pädagogik sieht in der Tat im Kind ein Wesen, das uns Erwachsenen helfen könnte, für uns die religiöse Dimension in unserem Leben zurückzugewinnen (siehe Kap. 3).

Kapitel 2

„Mama, laß bitte das Licht an..."

Warum Kinder religiöse Erziehung brauchen

„Hundeerziehung ohne Zwang."

Wenn ich das lese, weiß ich manchmal nicht, ob ich mich ärgern oder lachen soll. Unser Hund jedenfalls, und das ist immerhin ein stattlicher Berner Sennenhund, ist nie „erzogen" worden. Wie bitte? Aber er mußte lernen. Lernen mußte er nämlich, die ihm angeborenen arteigenen Triebe den Bedürfnissen des Menschen unterzuordnen. Und natürlich haben wir dabei alle möglichen Lernhilfen angewendet. Selbstverständlich ohne Zwang. Aber von „Erziehung" kann keine Rede sein – die braucht unser Hund nicht.

Bei unseren drei Söhnen, bei allen Menschenkindern steht es um die Erziehungsbedürftigkeit ganz anders. Natürlich lernen auch sie, und das mußten sie von Geburt an, wenn sie als Menschen leben und überleben wollten. Aber in den Zielen unseres Handelns, in unseren Wert- und Welthaltungen sind wir nun einmal nicht festgelegt. Als kleine Kinder und selbst jetzt als Jugendliche sind unsere Söhne in ihrem Verhalten bei weitem nicht so sicher, wie unser Hund es ist, wenn es um die Wurst geht.

Ob sie einmal Pfarrer oder Revoluzzer oder beides (was ja durchaus möglich ist) werden, ob sie die Moral ihrer Eltern, deren Werte, deren Glauben übernehmen, wie sie zu unserer Geschichte, zu unserem Staat stehen... all dies und vieles mehr ist eben nicht festgelegt. Diese Weltoffenheit, die Fähigkeit des Menschen zum Guten wie zum

Bösen: Das ist unsere Ausgangslage. Nennen wir es einfach das Problem der menschlichen **Freiheit.**

Damit haben wir beschrieben, was der Erziehung aufgegeben ist: den Menschen zum verantwortlichen Umgang mit seiner Freiheit zu befähigen.

Über die Notwendigkeit sozialer Erziehung werden wir in diesem Zusammenhang nicht lange miteinander diskutieren müssen. Wir sind in unserem Sozialleben nicht festgelegt. Am Beispiel der Geschichte der Ehe läßt sich dies sehr gut aufzeigen.

Kulturelle Erziehung – da wird sicher auch jeder sagen, daß sie nötig sei: Schließlich wollen wir die Welt gestalten können, aber nicht gerade nach Lust und Laune.

Aber brauchen wir etwa auch lebensnotwendig eine religiöse Erziehung? Ist sie wirklich not-wendig? Kämen die Kinder also in Not, wenn sie nicht stattfände?

Am besten gehen wir vom Kind aus und fragen da nach.

Mama, laß bitte das Licht an...

Ob er schon eingeschlafen ist?

Behutsam schleicht Mama auf den Flur.

Sie hört nichts.

Also gut, er ist endlich eingeschlafen.

Sie drückt auf den Lichtschalter, das Licht im Hausflur erlischt.

Kaum hat sie sich umgedreht, ruft es unüberhörbar:

„Mama, laß bitte das Licht an!“

Was soll das bloß? Er ist doch schon vier.

Sie geht zurück an sein Bett.

„Warum soll ich denn das Licht anlassen? Du bist doch schon groß. Und außerdem kannst du dann viel besser einschlafen.“

„Im Dunkeln hab ich aber Angst.“

„Wir sind doch da."
Fast scheint er den Tränen nahe...
Mama spürt das.
Und sie sagt nichts mehr.
Sie macht das Licht wieder an.
Bald ist er eingeschlafen.

Seltsam. Da scheinen Vernunft und Verstand, ja selbst liebevolles elterliches Zureden nicht viel bewirken zu können.

Kinder sind Wesen, die vieles mit uns Erwachsenen teilen: Auch sie erleben Glück und Unglück, auch sie kennen Sorgen und Not, Furcht und Angst – ebenso wie Freude und Sicherheit. Auch sie kommen in Grenzsituationen und müssen lernen, damit umzugehen.

Wie wir Erwachsene suchen sie nach Lösungen, brauchen sie Trost, wollen sie Lebenssinn spüren. Das haben wir also gemeinsam.

Dennoch: **Kinder sind anders.**

So erleben sie in den frühen Phasen ihrer Entwicklung, was wir Erwachsenen als „magisches Denken" definieren. Dämonenfurcht und Aberglaube scheinen so tief im menschlichen Wesen verwurzelt, daß kleine Kinder das Dunkel scheuen und wirklich den Teufel an der Wand oder im Keller sehen.

Das rationale Bewußtsein des Erwachsenen kann dem nichts entgegensetzen. Wir können nur die kindlichen Ängste wahrnehmen, ernstnehmen und bei deren Überwindung helfen.

Wenn wir dies tun wollen, wenn wir dem Kind einen Weg eröffnen, der es von seinen Ängsten befreit, müssen wir als Wegbegleiter zur Verfügung stehen. Das Kind wird diesen Weg in seiner Entwicklung gehen. Es wird die Ängste und Dämonenfurcht überwinden, wenn es in einer Atmosphäre des Seinsvertrauens und der Liebe aufwächst, wenn ihm durch andere Menschen, vor allem durch seine Eltern, der Weg zu einem Lebenssinn gezeigt, schließlich vielleicht sogar ein Glaube durch Vorleben, Feiern und Lehre angeboten wird.

„Gott ist nur durch Menschen ein Gott der Menschen."

Dieses Pestalozziwort macht die Bedeutung religiöser Erziehung erneut deutlich.

Sieht Montessori das eigentlich auch so?

Für sie steht die Notwendigkeit religöser Erziehung außer Frage. Das Kind braucht religiöse Erziehung, „damit es dem übernatürlichen Einfluß und der kraftvollen und andauernden Mitarbeit mit der Gnade Gottes um so geöffneter" ist. (M. Montessori, in: Oswald, P. u. Schulz-Bensch, G: Grundgedanken der Montessori-Pädagogik, S. 162)

Daß Gott es mit dem Menschen gut meint („Gnade"), davon geht Montessori aus. Und so ist es für sie folgerichtig, daß Gott sich den Menschen mit-teilen will („übernatürlicher Einfluß"). Kinder sind für sie von Natur aus offen für die Begegnung mit dem Göttlichen.

Aber was geöffnet ist, kann auch verschüttet oder verschlossen werden. So soll der Erzieher seine Aufgabe zunächst darin sehen, die Kinder für Gott offen zu halten.

Auch wenn Montessori die begrifflichen Differenzierungen, wie wir sie im ersten Kapitel dieses Buches vollzogen haben, nicht brauchte, weil ihre Welt noch selbstverständlich gläubig-christlich war, so ist ihr Ansatz doch, religionspädagogisch betrachtet, durchaus zeitgemäß:

„Wie können wir dem Kind Religion vermitteln?

Nun, wir können sie nicht geben, wir müssen sorgen, daß sie sich entwickelt." (Spannungsfeld Kind-Gesellschaft-Welt, S. 49) Dabei wird der Erwachsene zu einer Art religiösem Entwicklungshelfer des Kindes (siehe Kap. 5). Jedoch: Wer hilft uns Erwachsenen bei dieser schwierigen und anspruchsvollen Arbeit?

Montessoris Antwort ist verblüffend: das Kind!

Kapitel 3

„Ich zeig dir, wo's langgeht..." Das Kind als Lehrmeister religiöser Erziehung

Wer ist eigentlich näher beim „lieben Gott" – der Papst in Rom, der gerade hunderttausend Menschen auf dem Petersplatz seinen Segen erteilt, oder der kleine Thomas, gerade mal drei Wochen alt, der lustvoll an der Mutterbrust saugt?

So darf man aber wirklich nicht fragen. Oder vielleicht doch?

Ob der Papst schon einmal geflucht, gelogen, einen Menschen hinters Licht geführt hat – ich weiß es nicht. Thomas jedenfalls hat es noch nicht.

Ob der Papst nur mit dem Verstand oder auch mit allen Sinnen erfaßt – ich weiß es nicht. Thomas jedenfalls nimmt die Welt sinnenhaft an, und sein Verstand ist vorurteilslos weltoffen. Mit seinem größten Sinnesorgan, der Haut, nimmt er bedingungslos auf, mit was wir ihn berühren. Seine Augen und Ohren saugen gleichsam in sich hinein, was wir ihnen anbieten. Und ohne zu zögern gibt er ohne jeden Vorbehalt sofort Rückmeldung, wie es ihm geht. Aber da ist noch mehr.

Was ist es in uns, das die Gefühle so anrührt, wenn wir ein kleines Kind sehen? Was verändert uns in Sprache, Mimik und Gestik, wenn wir uns einem Kind nähern? Doch wohl mehr als der Brutpflegeinstinkt oder das Kindchenschema. Läßt es sich überhaupt erfassen?

„Der wichtigste Teil des Menschen, seine Seele, kommt nicht einmal vom Menschen, sondern ist direkt von Gott geschaffen", sagt Montessori (Kinder, die in der Kirche leben, S. 234). Es hat „in seiner Natur wie in seiner Übernatur mehr als alle anderen die wahre Schöpfung Gottes bewahrt", (Grundgedanken, S. 166) , und „viel früher als seine Intelligenz entwickelt und befriedigt wird, [widerstrahlt sein] offener und reiner Geist das göttliche Licht." (M. Montessori, Schule des Kindes, S. 333)

In der frühen Kindheit, so sieht es Montessori, begegnen sich zwei ganzheitlich Seiende: zum einen das Kind, ganzheitlich in seiner Daseinsweise, zum anderen Gott, unendlich, grenzenlos, die Liebe an sich. Zwischen Gott und dem Kind gibt es eine Affinität, die sich in dieser Weise im menschlichen Leben nicht wiederholen kann. Gott zeigt eigentlich – so ist es Montessoris Grundauffassung – im Kind den Weg, der für uns Menschen wirklich heilsam sein würde. Es ist dies ein Weg der vorurteilsfreien und bedingungslos weltoffenen Ganzheitlichkeit, der nur einem Anspruch genügen muß: dem der Liebe.

Daraus folgt: „Wenn wir uns der Aufgabe gegenüberfinden, dem Kind in seinem Wachstum gemäß der Natur und der Übernatur zu helfen, so ist die erste Notwendigkeit, ehrfürchtig zu forschen, welchen Weg Gott uns (im Kinde, U. St) zeigt" (Kinder, die in der Kirche leben, S. 235). In der Praxis der religiösen Erziehung sollten wir „uns vom Kinde führen lassen" (Spannungsfeld Kind-Gesellschaft-Welt S. 43).

Montessori verlangt von uns nicht mehr und nicht weniger als einen **Perspektivenwechsel**. Die Frage wird also nicht mehr lauten: Wie bringe ich dem Kind nahe, was ich als religionspädagogisch bedeutsam für es erkannt und ausgedacht habe? Die Frage wird vielmehr sein: Wie kann ich vom Kind her erkennen, welchen Zugang es zu Gott hat, damit ich diesen Zugang offenhalten und seinen weiteren Weg angemessen begleiten kann?

Hallo, lieber Gott, ich bin da!

Hätte ich doch gestern lieber die Vorhänge zugezogen.

Unverschämt freundlich zwängen sich die Sonnenstrahlen ins elterliche Schlafzimmer. Wenn es bloß nicht so früh wäre.

Gottseidank schlafen wenigstens die Kinder noch.

Leise öffnet sich die Türe.

Auf Zehenspitzen schleicht er herein.

Was hat er vor?

Vielleicht noch ein bißchen kuscheln? Aber nein.

Er reibt sich die Augen, reckt sich am Fenster, so hoch er kann.

Und tatsächlich, er bekommt das Fenster auf.

Beide Arme weit dem frühherbstlichen Tag entgegenstreckend ruft er:

„Hallo, lieber Gott, ich bin da!“

Und dann hüpft er zu uns ins Bett.

Den Tag so anzufangen, ist nicht üblich. Zumindest nicht bei uns.

Man stelle sich vor, so etwas würde angeordnet oder ritualisiert.

Nein, es bricht spontan und unvermittelt, ungeplant und ehrlich aus ihm heraus. Er, der Dreijährige, hat keine Probleme damit, ihm, dem Ewigen, seinen Morgengruß zuzurufen. Damit der das ja weiß: Ich bin da. Nimm das zur Kenntnis, lieber Gott … und verhalte dich entsprechend.

Für ihn ist es gar keine Frage, daß Gott da ist. Ob er das Fenster aufmacht oder im Garten spielt, ob er mit dem Roller fährt oder seinen Brüdern hinterherschaut, wenn sie zur Schule gehen: Gott ist da.

Vom Urvertrauen zum Seinsvertrauen ins Gottvertrauen – es gibt kluge Erklärungen für diese eigen-artige kindliche Haltung. Na klar, wir haben ihm Gott nicht verschwiegen, woher sollte er ihn sonst begrüßen können. Aber bewegend ist doch, mit welcher Selbstverständlichkeit dieses kleine Kind sich als Partner Gottes versteht.

Die kindliche Gottesbegegnung ist spontan und unvermittelt, nicht planbar in Ort und Zeit. Das können wir immer wieder erfahren, wenn wir diese Begegnung zulassen.

Ist sie auch bedingungslos?

Montessori nennt nur eine Bedingung: „Milch und Liebe". Das heißt, dem Kind muß das zum Leben unbedingt Notwendige gegeben sein: Für seine Seele muß genauso gesorgt werden wie für seinen Leib.

Fest steht: Das Kind kennt keine Berührungsängste mit dem Transzendenten. Vorgegeben bindende religiöse Standards und Rituale interessieren es herzlich wenig. Es hat seinen eigenen „Draht" zu Gott. Montessori fordert daher: „Auch Gott gegenüber muß das Kind Kind sein." (Grundgedanken, S. 162) Dem zu folgen, kann für uns Erwachsene ziemlich anstrengend werden, zumal dann, wenn in mitteleuropäisch-rationalistisch-strenger Weise z.B. Gottesdienste kindliche Spontaneität und Originalität geradezu ausschließen.

Für Montessori ist es daher nur konsequent, daß wir „dem Kind erlauben müssen, zu Jesus zu gehen, und daß wir nicht beanspruchen dürfen, sie sollten zu uns kommen. Dieser durch Hochmut verursachte Irrtum ist eines der schwersten Mißverständnisse in bezug auf die kindliche Seele." (M. Montessori, The child in the church)

Sich den Weg religiöser Erziehung vom Kind zeigen zu lassen, verlangt uns im Sinne der Montessori-Pädagogik einiges ab. Man könnte fordern: Nimm Abschied von deinen Vorstellungen über die Ausdrucksformen kindlicher Religiosität. Nimm wahr und nimm an, daß das Kind dem Transzendenten spontan und unbelastet, offen für alle Ausdrucksformen und Erlebnisorte, kreativ und ganzheitlich, sinnenfroh und gefühlhaft, partnerschaftlich und vertraut begegnen will und begegnen kann. Nimm daher auch Abschied von der Vorstellung, die (kindliche) Begegnung mit Gott erfordere feste Formen, gar feste Orte. Laß Spontaneität und Kreativität in allen kindlichen Ausdrucksformen zu.

Sei schließlich dankbar dafür, daß dir das Kind den Weg weist, die Quellen eigener Religiosität neu zu entdecken. So kannst du mit dem Kind und von ihm lernen, den Gott bedingungsloser Liebe im eigenen Leben wieder lebendig werden zu lassen. Angesichts deiner eigenen Zweifel und Verzagtheiten sei dir bewußt: Für Kinder ist Gott so selbstverständlich, daß sie nicht verstehen können, warum er für uns unverständlich sein sollte.

Opa ist jetzt bei Indra

Das wird Konstantin nie verstehen, auch heute nicht, wo er schon elf ist:

Wie konnte man Indra nur vergiften? Unsere Berner Sennenhündin war ein so lieber Hund, niemandem tat sie etwas zuleide. Er war damals kaum zu trösten.

Sein Großvater ging damals mit ihm spazieren, am Tag danach.

Er war noch gar nicht so alt, erst 67. Aber für Konstantin, gerade mal zweieinhalb, schon uralt.

Was sie unterwegs besprachen? Ich weiß es nicht. Beiden ging es gut, als sie heimkamen. Und dann, ein halbes Jahr später, starb der Großvater.

Warum?

Trauer und beinahe Trostlosigkeit in unserem Haus.

Wir sitzen abends beisammen. Da sagt Konstantin plötzlich: „Und Opa ist jetzt bei Indra. Und Indra ist im Himmel. Da treffen die sich."

Ob er dabei lächelte, weiß ich nicht mehr. Wir jedenfalls, wir sogenannten Großen, schauen uns an und sind ein wenig getröstet. Oder sogar mehr als nur ein wenig?

Kindliche Zugänge zum Transzendenten – lächerlich für uns Erwachsene oder eher tröstlich?

Montessori ermutigt den Erwachsenen zu einer Wiederentdeckung der „naiven" Religiosität als Leitmotiv einer religiösen Erziehung.

Dies setzt voraus, daß der Erwachsene bereit ist zur „Entdeckung des Kindes", von sich und seinen oft rein rational geprägten Annahmen abzusehen, um das Kind wahrzunehmen in seiner unvoreingenommenen Gottoffenheit und den daraus erwachsenden spontanen Kundgebungen kindlichen Glaubens.

Mag sein, daß auf diesem Wege der Erwachsene seinen eigenen Glauben neu buchstabieren lernt. Mag sein, daß das Kind ihm zum Lehrmeister des Glaubens wurde, nicht durch Lehrsätze, nicht durch stilisierten Kult, sondern durch gottoffenes und daher sinnfälliges und sinnenfrohes Leben.

Eine Zu-mutung? In der Tat, das Kind so zu sehen, dazu braucht es bei uns Mut.

Zumal wir dem Kind gegenüber fast uneingeschränkte Macht besitzen.

Und die Gefahr, kindliche Religiosität zu zerstören, gar nicht erst lebendig werden zu lassen, weil man doch schließlich nur das Beste will und schon weiß, was das ist, bedroht nicht nur das Kind, sondern auch uns: Wir stehen vor dem Problem der Freiheit in der religiösen Erziehung. Weiß die Montessori-Pädagogik da Rat?

Kapitel 4

„Noch hab' ich hier zu sagen..."

Freiheit als Ausgangspunkt und Weg religiöser Erziehung

„Freiheit... Freiheit..."; mehrere Tausend Fans schwingen im Takt ihre Gasfeuerzeuge zum Gesang eines deutschen Popsängers. Würde man sie jedoch fragen, was sie denn unter Freiheit verstehen, so stieße man möglicherweise auf Unklarheit und Ratlosigkeit.

Da sind mir schon die Rolling Stones lieber, wenn sie singen „I'm free to do what I want." Für sie scheint Freiheit also darin zu bestehen, der eigenen Lust nachzugeben.

„Die Gedanken sind frei, wer kann sie erraten...", ist das Bekenntnislied einer ganzen Generation des vorigen Jahrhunderts. Wenigstens Gedankenfreiheit ist also Freiheit.

Es geht ziemlich durcheinander mit den Freiheits-Definitionen.

Wirklich, es lohnt sich, dem Wort „Freiheit" in seiner ursprünglichen Bedeutung nachzuspüren, wenn wir den Anspruch erheben, Kinder zum verantwortlichen Umgang mit der Freiheit erziehen zu wollen.

Am Anfang der Wortentwicklung steht nämlich ein Verb und kein Hauptwort, das heißt: Wenn es um Freiheit geht, geschieht etwas. Und man staunt: Das entsprechende Wort im Indogermanischen bedeutet soviel wie „schützen" und „gern haben", im Gotischen heißt „frijon" „lieben, um jemanden werben" („freien"), und im Althochdeutschen bezeichnet man mit dem Adjektiv „fri" jemanden, der zu den Lieben gehört, den Mitgliedern der eigenen Sippe. Wer also „vri" ist (mittelhochdeutsch), der wird geschützt, weil er liebenswert ist – und in der Gemeinschaft der „vri-en" ist er dann auch geborgen. Erstaunlich auch: „fridu", unser heutiges „Frieden", hat ursprünglich mit „fri" – „frei" zu tun: Ich erlebe in der Gemeinschaft Liebe, Geborgenheit, Schutz. Sprachlich betrachtet sind Frieden und Freiheit gar nicht zu trennen.

Die Geschichte hat diesen Grundbedeutungen weitere hinzugefügt.

Politische Freiheit, Freiheit als ökonomische Unabhängigkeit, Gedankenfreiheit, die Freiheit des Willens und Wollens: Dies sind Elemente unseres heutigen Freiheitsbegriffes, dem sich wieder zahlreiche weitere zu- und unterordnen lassen, sicher auch und nicht zuletzt die **Religions-** und **Glaubensfreiheit.**

„Niemals, ich gestehe dies zu – hat die menschliche Gesellschaft unter derartigen Bedrohungen gelebt wie in der gegenwärtigen Zeit. Deshalb ist ein Appell, der darauf abzielt, zu betrachten, was Freiheit und menschliche Würde wirklich sind, von großer Aktualität."

So schreibt Maria Montessori zu Weihnachten 1951 anläßlich der „Declaration of Liberty" des „House of Liberty" in New York.

Und sie fährt fort: „Während meines ganzen Lebens habe ich die Notwendigkeit der Freiheit der Wahl, der Selbständigkeit des Denkens und der menschlichen Würde proklamiert. Jedenfalls bin ich der Meinung, daß eine wahre und innere Freiheit nicht gegeben werden kann; sie kann nicht einmal erobert werden; sie kann jeder nur in sich selbst aufbauen als Teil der Persönlichkeit, und sie kann deshalb auch nicht verloren gehen. Seit den ersten Anfängen meiner Erzieherlaufbahn habe ich Bedingungen der Freiheit für die Kinder empfohlen und eingerichtet. Die Freiheit der Wahl war das erste der Vorrechte in meinem Erziehungskonzepte." (M. Montessori, in: Montessori-Werkbrief 7, 1986, S. 122).

Die alltägliche Freiheit von Kindern, sie sieht anders aus.

Ob wir Erwachsenen uns noch in das folgende Erlebnis eines etwa dreijährigen Mädchens einspüren können?

Schaufensterfreiheit

Die Ladeninhaber haben in diesem Jahr gespart an der Weihnachtsdekoration.

Und dennoch: Sie drückt sich die Nase platt vor dem Schaufenster.

Die Eisenbahn rollt, der Weihnachtsmann nickt, die Lebkuchen locken.

Könnte ich doch noch ein bißchen bleiben.

Mamas Hand ist warm. Und kräftig.

„Nun komm schon endlich. Ich habe noch was zu erledigen."

Sie zieht mich weg.
Sie zieht mich hinter sich her.
Ich bin doch nicht so schnell.

„Nun paß doch auf."

Fast hätte ich den Mann angerempelt.
Mamas Hand ist warm.
Mamas Hand ist kräftig.
Und ich bin klein.
So klein.

„Die Würde des Kindes ist unantastbar"? (vgl. Grundgesetz Art. 1) Wie oft greifen wir in die Freiheit des Kindes ein?

Freiheit der Wahl – Würde – Selbständigkeit des Denkens: diesen Zusammenhang setzt Montessori.

Freilich, wir als Erwachsene kommen ständig in Interessenskonflikte, wenn wir die Freiheit des Kindes ernst nehmen. Aber ist es nicht so, daß wir eher geneigt sind, unsere Bedürfnisse zum Maßstab für die Freiheit des Kindes zu machen? Ist es nicht so, daß wir, im Besitz nahezu aller Macht dem Kind gegenüber – der materiellen wie der emotionalen – diese Macht eher in unserem Interesse gebrauchen?

Es ist so leicht und viele Erwachsene merken dies nicht einmal, ein Kind zu entwürdigen, indem man ihm weder die Selbständigkeit des Denkens noch die Freiheit der Wahl zugesteht.

Es versteht sich, daß die Entfaltung der kindlichen Persönlichkeit in Würde und Freiheit nur dann gelingen kann, wenn dabei die individuellen Gegebenheiten des einzelnen Kindes – sein Alter, seine Reife, seine physische und psychische Befindlichkeit – vorausgesetzt werden.

Aber kann nicht ein Neugeborenes schon wählen?

Die Einübung in den verantwortlichen Umgang mit Freiheit beginnt für Montessori mit dem Augenblick der Abnabelung.

Damit beginnt ein Prozeß, der für die individuelle und soziale Zukunft dieses neugeborenen Menschen von entscheidender Bedeutung sein wird.

Wird er lernen, daß er Freiheit nicht nur auf sich selbst beziehen darf? Wird er verstehen, daß Freiheit sich immer auch auf die Mitmenschen bezieht? Wird er begreifen, daß Freiheit sich auch in seiner Beziehung zur Welt der Dinge ereignet?

Und wie wird er dies lernen? Und wann?

Montessori-Pädagogik jedenfalls gestaltet **„Bedingungen**

der Freiheit". Geschieht dies konsequent, so läßt sich weltweit und unbestritten – bei einem Besuch qualifizierter Montessori-Einrichtungen, genauso wie im familiären Bereich – feststellen, was Montessori so beschreibt:

„Kleine Kinder um die drei Jahre antworten auf diese Gunst in für ihr Alter unerwarteter Weise. Wenn man sie von Interventionen und Beschränkungen befreit, die ihnen von Älteren voll guter Absicht auferlegt wurden, so zeigen sie statt der Anarchie, die man erwarten würde, ein Benehmen, das dem zu entsprechen scheint, was man wirklich als ein göttliches Gesetz bezeichnen könnte. Jede Habgier, jedes Festhalten am Besitz verschwindet, sobald die freie Wahl gestattet ist. Man erkennt, daß wenn man die Bedingungen einer Zwangsunterwerfung beseitigt hat, die menschliche Wesensart so reagiert, daß sie Zuvorkommenheit, Respekt, Ordnung und Liebe zum Nächsten, wer er auch sei, manifestiert." (Montessori, a. a. O.)

Das ist gut gesagt. Aber ist es auch alltagstauglich?

Freiheitserdbeeren

Es ist Erdbeerzeit. Eine Schüssel, prallgefüllt mit köstlichen Erdbeeren, ziert den Eßtisch. Benedikt ruft: „Und wo ist die Sahne?"

Sie fehlt.

Der dreijährige Konstantin steht auf und sagt: „Ich hol sie." Eine Schüssel Sahne ist im Kühlschrank. Meine Frau seufzt, ich überlege. Unterwegs: Ein schöner Wollteppich, ein Stück Parkett, ein paar Fliesen. Meine Frau sagt: „O. k." Konstantin geht. Ich gehe hinterher. Bleibe an der Küchentür stehen.

Der Kühlschrank ist oben eingebaut. Zu hoch. Konstantin geht zum Küchentisch, zieht einen Stuhl herbei, klettert hoch, öffnet die Kühlschranktür. Gottseidank.

Die Schüssel mit der Sahne steht ganz vorne. Vorsichtig greift er sie mit beiden Händen, kniet sich behutsam und achtsam auf den Stuhl und rutscht dann langsam herab. Die Sahneschüssel wird auf den Küchentisch gestellt. Er klettert wieder hoch, schließt die Kühlschranktür.

Ende Teil I.

Ich atme hörbar auf.

Jetzt nimmt er die Schüssel in beide Hände. Küchenkacheln, Parkett,Teppichboden, eine Stolperschwelle. Schritt für Schritt geht er. Ruhig, gleichmäßig, selbstsicher, fast würdevoll.

Die Schüssel steht neben den Erdbeeren.

Erdbeeren mit Sahne sind herrlich.

Eine Banalität?

Ja, genau, die Einübung in den verantwortlichen Umgang mit Freiheit ist eigentlich banal, aber durchaus nicht problem- und risikolos.

Montessori ist fest davon überzeugt, daß der Mensch von Natur aus gut ist und das Gute will, weil Gott als Schöpfer des Menschen auch nur das Gute will.

Aber der Mensch ist auch frei. In dieser Freiheit kann er sich auch gegen das Gute entscheiden. Daß er sich damit letztlich schadet, weil er in der Konsequenz dann auch seine Freiheit einschränkt, wenn nicht gar verliert, ist für Montessori einsichtig, denn sie weiß um die Existenz des Bösen, nicht zuletzt aus eigener Lebenserfahrung.

Wenn es Aufgabe des Menschen ist, seine Freiheit zu gestalten, weil dies den Sinn seines Lebens und darüber hinaus auch dessen Qualität ausmacht, so befinden wir uns in der religiösen Dimension.

Denn jedwede Sinndeutung des Lebens vom Transzendenten, von Gott her, jede Religion also, setzt sich mit der Aufgabe der Gestaltung von Freiheit auseinander. Die

Antworten der Religionen sind dabei durchaus unterschiedlich.

Für die Christen lautet sie: Wir sind „zur Freiheit berufen" (Gal. 5, 13) und dies heißt, in der Nachfolge Jesu freiheitsfähig zu werden.

Bringen wir dies mit dem Denkansatz der Montessori-Pädagogik in Beziehung, so erfordert es etliche Konsequenzen:

Es verlangt von Eltern: Sie sind sich ihrer Macht bewußt und setzen sie behutsam ein. Sie wissen um die verletzliche Würde der kindlichen Persönlichkeit. Sie gestalten ihrem Kind nach dessen Fähigkeiten und Möglichkeiten Räume, in denen es seine Freiheit erproben kann. Dabei lernt es, daß Freiheit ambivalent ist, daß Freiheit nie nur die eigene Freiheit ist, sondern immer auch den Mitmenschen bedenken und die „Würde der Dinge" respektieren muß.

Es verlangt von Erziehern/Lehrern: Sie nehmen sich zurück und beobachten die Freiheitsfähigkeit der Kinder. Sie wissen, daß sie irren können. Daher nehmen sie die freien Entscheidungen der Kinder ernst, beachten aber, daß jede Handlung Folgen hat und ermöglichen dem Kind die Auseinandersetzung mit diesen Folgen. Mit einer wohlbedachten „vorbereiteten Umgebung" schaffen sie Bedingungen der Freiheit, an denen das Kind wachsen und seine Persönlichkeit in Selbstverantwortung gestalten kann.

Ohne es ausdrücklich zu betonen, bereiten wir die Kinder so auf die zentrale Aufgabe menschlichen Lebens vor. Sie werden freiheitsfähig, sie erkennen ihren Auftrag zur Gestaltung der Welt und nehmen ihn verantwortlich wahr. Ohne es ausdrücklich zu betonen, befähigen wir sie zu einer Mündigkeit, die ihnen hilft, Sinnantworten für ihr Leben zu finden, auch in Form eines religiösen Bekenntnisses und eines Glaubens.

Das will die Montessori-Pädagogik.

Wiederum gut gesagt. Was aber bedeutet es für den im Alltag, wenn die Kinder „frei" religiös entscheiden?

Ich geh nicht mit

Eigentlich ist es wirklich zu früh zum Wachwerden.

Gestern abend hat er lange vor dem Fernseher gesessen, durfte ausnahmsweise länger aufbleiben.

Und jetzt läuten die Glocken.

„Ich geh nicht mit", sagt er, zieht seinen Bademantel zusammen und guckt mich entschlossen an. Er weiß genau: mir ist der Kirchgang wichtig. Und zwar gemeinsam mit der Familie.

„Und außerdem ist es bei uns so langweilig." Er hat vollkommen recht. In mir gärt es.

Ich sage nicht: „Keine Widerrede. Wir gehen alle!" Ich sage auch nicht: „Mach, was du willst." Ich sage nur: „Schade." Seine Gefühle darf man doch zeigen. Oder? Wir gehen. Dann eben zu viert. Es ist heute das erste Mal, daß er nicht dabei ist. Blödes Fernsehprogramm. Oder geht es ihm um etwas anderes?

Immerhin, er ist jetzt elf.

Als wir zurückkommen, hat er den Frühstückstisch gedeckt und Eier gekocht – wenn auch zu hart. Hat Musik angestellt, und sogar die Osterkerze steht auf dem Tisch und leuchtet.

Ich weiß nicht, soll ich mich freuen?

Ich warte auf den nächsten Sonntag.

„Solange die Erziehung fortfährt, den Leitlinien einer erzwungenen Unterwerfung zu folgen, werden die gegenwärtigen Bedingungen bestehen bleiben: die Menschheit wird sich weiterhin aus vielen Menschen zusammensetzen, die von Freiheit sprechen, aber aus sehr wenigen freien Menschen." (Montessori, a.a.O.)

Wer im Sinne der Montessori-Pädagogik religiös erziehen will, sollte sich also zunächst einmal darüber klar werden, was er selbst unter Freiheit versteht.

Religiöse Erziehung setzt Freiheit voraus und führt zu deren Gestaltung hin.

Leicht gesagt.

Das verlangt von uns Erwachsenen vor allen Dingen den Mut, neue Wege zu gehen.

Montessori spricht vom „neuen Erzieher."

KAPITEL 5

„Eigentlich seid ihr o.k...“

Der „neue Erzieher“ und die religiöse Erziehung

„Jetzt haben Sie gerade Ihr Baby erwürgt.“

Ich bin wohl erbleicht, als beim Windelwickeltraining in der Ernstphase des Geburtsvorbereitungskurses für werdende Väter meine technischen Probleme auf diese Weise für alle sichtbar wurden.

Immerhin, um die Familienfähigkeit werdender Väter (und natürlich auch Mütter) kümmern sich nicht nur konsequente Hebammen. Da wird zumindest im medizinisch-technischen Bereich heute viel geboten.

Meine Ergriffenheit bei den ersten Herztönen trieb mir das Wasser in die Augen. Und ich kannte alle Formen der sanften Geburt – theoretisch.

Wovon ich keine Ahnung hatte – und das als Pädagoge! – war, daß das Kind im Mutterleib ein höchst sensibles, empfindsames, lernfähiges Lebewesen ist. Nicht nur seine Entwicklung, auch seine Erziehung beginnt weit vor seiner Geburt, und zwar durch die Bedingungen, die wir Erwachsene dem vorgeburtlichen Leben bereiten.

Davon hat Montessori als Medizinerin und Pädagogin manches geahnt, aber noch nicht viel gewußt.

Wenn wir also unsere Rolle in der religösen Erziehung bedenken, sollten wir mit dem Augenblick ansetzen, wo einer Mutter und natürlich auch einem Vater bekannt und klar wird, daß sie Verantwortung für werdendes Leben tragen.

In diesem Bereich finden werdende Eltern weniger Hilfestellung – Kurse und Vorsorgeuntersuchungen für religiöse Erziehung gibt es nicht.

Wer kann da helfen?

„Der Erwachsene muß demütig werden und vom Kind lernen, groß zu werden", sagt Montessori. Und Pestalozzi formuliert: „Nur durch Menschen wird Gott ein Gott der Menschen."

Niemand wird heutzutage – früher war das durchaus anders – daran zweifeln, daß auch Kinder bereits vollwertige Menschen sind.

Es geht also um den Aufbau einer Haltung, die uns befähigt, dem Kind den Weg in die religiöse Dimension seines Lebens zu öffnen. Diese Haltung können wir, meint Montessori, vom Kind lernen (siehe Kap. 3).

„Als Kind kann das Kind die Erwachsenen in günstigem Sinne ändern. Ist nicht das Leben der Selbstvergessenheit, der Liebe, des Opfers, welches das Kind und seine Bedürfnisse als Zentrum hat, adelnd und bildend für den Charakter? Das Kind selbst ist sich dieses formativen Einflusses auf die Erwachsenen nicht bewußt (...) Aber was dem Kind eigen ist: die natürliche Unschuld, seine Zärtlichkeit und Unbefangenheit, seine Waffenlosigkeit und seine rührende Bitte um Hilfe, seine Furcht, wenn es sich allein oder in Gefahr befindet – all dies bewegt wunderbar das menschliche Herz. Das Kind kann die Menschen umwandeln (...)." (M. Montessori, Gott und das Kind, S. 21f.)

Die Beziehung Kind – Erwachsener ist also durchaus nicht einseitig, sondern ein wechselseitiges Geben und Nehmen.

Ist es nicht ein faszinierender Gedanke, durch das Beispiel unserer Kinder wieder zur Liebesfähigkeit erzogen zu werden?

Gleichwohl ist es wichtig festzuhalten, daß in dieser dialogischen Beziehungsstruktur zwischen Kind und Erwachsenem, die Wege zum Lebenssinn und damit auf Gott hin erschließt, wir als Eltern, Erzieher und Lehrer unersetzlich sind: „Es genügt nicht, erschaffen zu sein, man muß auch geliebt werden, um leben zu können." (Schule des Kindes, S. 308)

Wir Pädagogen sind Garanten der Liebe!

Liebe allerdings ist nicht einfach etwas Gegebenes, sie ist vielmehr ein Prozeß. Wie wir ein Kind lieben, verändert sich ständig und sollte dem Alter und dem Entwicklungsstand des Kindes angemessen sein. Das gilt für Erwachsene, das gilt für Kinder, das gilt erst recht für die Beziehung zwischen Kindern und Erwachsenen.

Der große jüdisch-polnische Arzt, Schriftsteller und Pädagoge Janusz Korczak (1871 bis 1942, mit seinen 200 jüdischen Waisenkindern in Treblinka ermordet) formuliert in seinem Hauptwerk „Wie man ein Kind lieben soll": „Wir geben keine Rezepte. Wir entfernen uns nicht von der Wirklichkeit."

So ist es: Jede neue Situation erfordert eine neue Artikulationsform der Liebe. Diese Liebe aber muß zutiefst verwurzelt und absolut bedingungslos sein.

So sieht es auch Montessori.

Kann man denn lernen, der Liebe zum Kind ein Gesicht zu geben? Manchmal stehen wir uns dabei selbst im Wege, weil wir meinen, eindeutig definieren zu können, was Liebe zum Kind bedeutet. Wir meinen dies, weil wir von unseren Gefühlen ausgehen und sie zum Maßstab machen für kindliches Wohlverhalten.

Gerade hier fordert Montessori den Perspektivenwechsel. Sonst verkommt Liebe zur Selbstliebe.

Zweimal habe ich die folgende Geschichte erlebt – einmal am eigenen Leibe:

Er soll es nicht miterleben...

Florian ist tot.

Drei Tage haben die Ärzte um ihn gerungen.

Zu früh kam er auf die Welt. Einfach zu früh. Und dann war in der Stadt in dieser Nacht kein Intensivbett für Frühgeborene frei.

Ich sehe noch, wie sie ihn herausbringen.

Zwei Hände voll Leben. Unser zweites Kind. Und wir ringen und beten und flehen

– und weinen, als die Nachricht kommt.

Gut, daß Omama da ist. Sie bleibt bei dem Zweijährigen. Und der soll nicht so viel mitbekommen.

Meinen wir. Aber er bekommt alles mit. Und sagt nichts. Und fragt nichts. Und wird nicht wahrgenommen.

Doch: Omama ist da. Und die fragt er: Darf ich ihn sehen? Er hat sich doch auch mitgefreut, vorher.

Nein, er soll nicht mitkommen zur Beerdigung. Ich bin sehr dagegen. Aus Liebe. Er soll unser Leid nicht sehen. Den weißen Sarg.

Abschied nehmen. Er muß es doch auch.

Omama nimmt die Straßenbahn. Und dann sind sie da. Er darf Abschied nehmen.

Seine kleine Hand greift die Erde. Erde zur Erde. Nichts ist zu Ende. Er lebt jetzt bei Gott. Hat Omama gesagt.

Ich nehme seine Hand. Die ist warm und lebendig und tröstet. Gut, daß du dabeiwarst. Danke, Omama.

Über eines sollten wir uns im klaren sein: Wenn wir etwas nicht wollen, hat das Kind kaum eine Chance.

Darum steht für Montessori am Beginn einer Beziehung zwischen Kind und Erwachsenem die klare Erkenntnis des Machtgefälles zwischen beiden.

Die Fähigkeit, ein Kind religiös erziehen zu können, verlangt nicht in erster Linie, auf die erzieherische Macht zu verzichten. Das geht auch gar nicht. Wer allerdings seinem Kind die Sinndimension offenhalten will, der sollte sich dieser Macht bewußt sein und sie mit Verstand und Liebe verantwortlich gebrauchen. Das verlangt, wie schon angedeutet, von uns einen Perspektivenwechsel. Denn verantwortlich religiös erziehen können wir nur, wenn wir die Wirklichkeit aus der Perspektive des Kindes nachzuvollziehen versuchen und dann handeln, kindgemäß, nicht erwachsenengemäß – in demütiger Liebe.

Konkret heißt dies:

1. Vorurteile über das Wesen des Kindes überprüfen.

Zum Beispiel darüber, was man einem Kind zumuten und auch zutrauen kann. Oder dahingehend, daß wir es sind, die die religiöse Persönlichkeit eines Kindes bestimmen. Diese Macht haben wir nicht, wohl aber die Macht zu formen – und zu verformen.

Diese Gefahr ist vor allem dann gegeben, wenn wir uns als Schöpfer empfinden, dem schließlich Dankbarkeit dafür gebühre, daß er einen Menschen nach seinem Bilde zu formen versuchte.

In einem so zum Erwachsenen gewordenen Kind „verbleiben für immer die Merkmale des berühmten Friedens nach dem Krieg, einerseits Zerstörung, andererseits schmerzliches Angleichen." (M. Montessori, Frieden und Erziehung, S. 14)

Wir müssen dem Kind erlauben, zu Gott zu kommen und dürfen nicht erwarten, daß es zu uns kommt.

Wenn religiöse Erziehung den Aufbau einer religiösen Identität anstrebt – und was sollte sie sonst wollen –, verlangt sie vom Erwachsenen zunächst eigenwilligen Machtverzicht und dann eine Zuwendung zum Kind in Demut.

2. Vorurteilsfrei die Befindlichkeit eines Kindes wahrnehmen lernen.

Montessori spricht vom „intelleto d'amore" – der Schaukraft der Liebe.

Die liebende Wahrnehmung ist nicht realitätsfremd. Im Gegenteil: Sie betrachtet und nimmt die Realitäten in den liebenden, gleichwohl sachlich-analytischen Blick.

Eine in Liebe wahrgenommene Fröhlichkeit des Kindes verwandelt möglicherweise auch meine Trübsal, eine in Liebe wahrgenommene Trauer des Kindes hilft mir, meine eigene Trauer zu tragen und zu überwinden.

Der liebende Blick auf das Kind ist durchaus anstrengend, weil unsere inneren, oft vorurteilsbedingten Sichthemmnisse nicht leichthin zu überwinden sind.

Da wollen wir dem Kind unsere Trauer nicht zumuten, und es weiß doch um sie. Der liebende Blick nimmt das mittrauernde Kind in seiner eigen-artigen Betroffenheit wahr. So kann man gemeinsam Trauer erfahren und einander tragen.

Der liebende Blick nimmt aber auch die Fröhlichkeit des Kindes wahr und läßt sie sich in den eigenen Alltag mitteilen.

Der liebende Blick sieht die Realitäten und umspült sie gleichsam mit Wärme. So schafft und entdeckt er Sinn, zumindest trägt er dazu bei – und auf diese Weise geleitet er das Kind in die religiöse Dimension. Ohne großen Aufwand, ohne Ambitionen, ohne Planung und Absicht verweist er auf Transzendenz, auf die Liebe, die größer als alle menschliche Liebe ist.

Sonnenstrahlen im Gesicht

Sie sitzt an der Schreibmaschine.

Das ist nicht gerade ihre Lieblingsbeschäftigung als Leiterin eines Kindergartens. Erst recht nicht an einem solchen Sommertag. Aber es muß sein.

Tanja hat sich ins Zimmer geschlichen. Sie steht neben ihr und schaut zu. Sie schaut und schaut und schaut. Und dann sagt sie plötzlich: „Frau Schaller, du hast ja Sonnenstrahlen im Gesicht." „Aha", antwortet sie. Und hackt weiter in die Maschine.

Aber dann will sie es wissen. Schließlich scheint die Sonne ja gar nicht ins Zimmer. „Und wo siehst du die Sonnenstrahlen, Tanja?" „Da oben", sagt Tanja und zeigt auf ihre Lachfältchen in den Augenwinkeln. „Ein schönes Kompliment nach fünfundzwanzig Dienstjahren", denkt sie. Sonnenstrahlen im Gesicht.

Ob man den „intelleto d'amore" Erwachsenen im Gesicht ablesen kann?

Vielleicht ist die Fähigkeit zu einem liebenden Blick ja eine Art Aufnahmetest für Menschen, die religiöse Erziehung verantworten – seien sie Eltern, Erzieher oder Lehrer.

3. Werte vorleben, Anforderungen an die Kinder emotional begleiten.

Das klingt etwas veraltet.

Es läßt sich auch anders formulieren: Wer religiös erziehen will im Sinne Montessoris, der sollte Werte konsequent leben und so erlebbar machen.

Das ist nicht ganz leicht.

Zunächst muß man sich über den eigenen Erziehungsstil klarwerden.

Jeder Erziehungsstil setzt sich aus zwei wesentlichen Elementen zusammen: aus den Anforderungen, die an das Kind oder den Jugendlichen gestellt werden und aus der emotionalen Unterstützung, die das Kind beim Umgang mit diesen Anforderungen seitens der Eltern, Erzieher, Lehrer erhält.

Als reif kann der Erziehungsstil betrachtet werden, der Anforderungen mit emotionaler Unterstützung verbindet.

Naiv verhalten sich jene Eltern, die emotionale Unterstützung gewähren, aber den Kindern nichts abverlangen. Gleichgültig ist ein Erziehungsstil zu nennen, wo weder etwas gefordert wird noch die Kinder emotionale Begleitung erhalten. Und paradox ist ein Erziehungsstil, der Forderungen stellt, ohne daß die Kinder emotional begleitet werden. Über die Auswirkungen dieser Erziehungsstile auf das Selbstbild und die Religiosität (und Kirchlichkeit) von Kindern und Jugendlichen gibt es aufschlußreiche Studien (vgl. G. Schmidtchen, Wie weit ist der Weg nach Deutschland, Opladen 1997, S 112 ff.).

Für Montessori ist der „reife Erziehungsstil" selbstverständlich. „Wer bedient wird, statt daß man ihm hilft, nimmt in gewissem Sinne Schaden an seiner Unabhängigkeit." (M. Montessori, Die Entdeckung des Kindes, S. 65)

„Wir müssen dem Kind dazu helfen, von sich aus zu handeln, zu wollen, zu denken." (M. Montessori, Das kreative Kind, S. 254) Die Zuwendung zum Kind geht vor sich in der Form „disziplinierte(r) Liebe, die mit Verstand angewendet wird." (a. a. O. S. 253)

Eine „reife religiöse Erziehung" im Sinne Montessoris hat durchaus Erwartungen und stellt Forderungen an das Kind. Es versteht sich, daß diese Forderungen Maß nehmen an der kindlichen Situation und basieren auf dem „intelleto d'amore". Nie aber sollte es bei den Forderungen an sich bleiben, das wäre paradox und verhängnisvoll. Wie berechtigt eine Forderung ist, sollte an ihrem Inhalt gemessen werden. Und der hängt ab von der Haltung des Erwachsenen dem Kind gegenüber: „Der Erwachsene muß demütig werden..."

Kassensturz im Multi-Markt

Kasse 1

Die Schlange war sowieso schon lang genug. Und die Mutter ist nicht zu beneiden. Vollgepackt der Einkaufswagen. Und vornedrauf ein kleines Mädchen. Vielleicht zweieinhalb Jahre alt. Sie weiß jedenfalls, was sie will. Mutti will nur noch raus. Und sie will den Schokoriegel, genau in Augenhöhe gepackt. Dreimal greift sie hin. Dreimal ein Nein.

Und als sie den Schokoriegel dann in der Hand hat und sich freut, als Mutti bezahlt, hört sie: „Wenn du im Kindergarten bist, wird man dir das Quengeln schon abgewöhnen." Das Kind vernimmt es und kaut genüßlich weiter.

Kasse 2

Hier geht es um einen Dauerlutscher. Ähnliche Szene, andere Lösung. Kein Nein, kein Ja – gar nichts. Das Kind nimmt. Die Mutter zahlt.

Kasse 3

Gar keine Szene. Gar keine Lösung nötig. Von vornherein ist alles klar: Davon gibt es nichts.

Kasse 4

Er kauft ganz allein sein Eis. Er bezahlt ganz allein. Draußen wartet sein Vater und freut sich.

Musterbeispiele für die verschiedenen Erziehungsstile?

Durchaus nicht. Da müßte man schon viel länger und genauer hinschauen. Aber Hinweise sind es doch.

Die erzieherische Vermittlung von Religiosität geschieht gewiß nicht an der Supermarktkasse. Aber was sich dort abspielt, kann durchaus auf andere Lebenssituationen übertragen werden.

Wie gehe ich damit um, wenn mein Kind einen religiösen (oder gar keinen), einen Glaubens- oder konfessionellen Weg geht, den ich nicht für richtig halte? Gebe ich bei Konflikten nach, weil es bequemer ist und hoffe auf die Regelung durch andere (Erzieherin, Religionslehrer usw.)? Das ist naiv gedacht. Die Verantwortung für religiöse Erziehung ist grundsätzlich nicht auf andere übertragbar. Selbstverständlich müssen sich Eltern und andere Pädagogen in der religiösen Erziehung ergänzen.

Habe ich konkrete Vorstellungen vom Weg und der Form religiöser Erziehung, bin aber selbst nicht bereit, diesen Weg mit- und vorzuleben? Das ist paradox. Genauso geschieht es aber vielfach, gerade im konfessionellen Bereich. Ich werde unglaubwürdig.

Habe ich eine klare Vorstellung von religiöser Erziehung, lebe deren Inhalte vor und begleite das mir anvertraute Kind, ohne es zu gängeln und zu bevormunden – natürlich auch in religiösen Krisenzeiten? Das ist eine reife religiöse Erziehung.

Wenn das bloß alles so einfach wäre. An meiner Haltung soll es ja eigentlich nicht liegen.

Woher aber nehme ich die Kraft zu einer solch reifen religiösen Erziehung? Was gibt mir Halt und Stütze in schwierigen Situationen, vor allen Dingen dann, wenn ich mich als religiösen Menschen verstehe, in meiner Gläubigkeit oder meiner Konfessionalität aber verunsichert bin?

„Der Erwachsene muß demütig werden…“, fordert Montessori.

Und damit verweist sie auf eine Haltung, ja, man darf es ruhig wieder sagen, auf eine Tugend, die, wie das Wort es auch nahelegt, tauglich macht, dem Kind die religiöse Dimension menschlichen Lebens offenzuhalten.

Unser deutsches Wort Demut hat im althochdeutschen „diomuoti“ die Bedeutung von „dienstwillig“, das heißt: Knecht sein, Läufer sein für einen anderen. (Vgl. hierzu und zum folgenden: A. Grün: 50 Engel für das Jahr, Freiburg 1997, S. 125 ff.)

Mit diesem Wort haben unsere germanischen Vorfahren das lateinische Wort „humilitas“ übersetzt. Für sie meint Demut, den Mut aufzubringen zu dienen, und zwar dem Leben, sich für andere einzusetzen, aufzubrechen ohne Bedingungen, einfach weil die Situation des anderen es erfordert.

Diese Haltung, diese Tugend verlangt von mir weiterhin, meine eigenen Bedürfnisse hintanzustellen, mich gleichsam von mir selbst zu befreien, um damit frei zu werden für den Dienst am Nächsten. Und niemand ist mir näher als mein Kind.

Demut-humilitas hat noch eine andere Komponente.

Im Wort schwingt „humus“ mit: die Erde, der Boden.

Demut-humilitas als Haltung meint damit den Mut, die eigene Erdhaftigkeit anzunehmen, ganz realistisch zu akzeptieren, daß wir Menschen aus Fleisch und Blut sind, mit Verstand und Intelligenz, aber auch mit Trieben und Gefühlen.

Demütige Menschen sind Realisten.

Sie lassen sich nicht kleinmachen, erniedrigen. Sie drücken sich nicht, trauen sich etwas zu.

Erst recht sind sie nicht unterwürfig. Wer sich in Demut

einem anderen zu-neigt, der buckelt nicht, sondern tut dies aus innerer Sicherheit.

Demütige Menschen wissen durchaus um ihren Wert.

Aber weil sie gelernt haben zu erkennen, was nötig ist, haben sie den Mut, ihre eigene Wahrheit in Bescheidenheit, aber mit Konsequenz zu leben und damit vorzuleben.

Gleichzeitig ist ihnen bewußt: Sie sind als Menschen dieser Welt grundsätzlich auch empfänglich für das Ungute, das Böse. Deshalb verurteilen sie niemanden leichthin.

Darum kann der demütige Mensch anderen Menschen, und besonders Kindern, Halt geben in den Grundfragen menschlichen Lebens: Er ist fähig, religiös zu erziehen – durch seine Haltung.

Und noch eines: In Demut-humilitas klingt Humor mit an. Der Demütige hat Humor. Er kann lachen, auch über sich selbst, denn er hat Abstand zu sich. Weil er Realist ist, kann er gelassen sein: ein Mensch mit Fehlern und Stärken, erdverbunden und zugleich offen für Lebenssinn, für Religion und Glauben.

„Die Demut ist ein stetiges inneres Pulsen von geistiger Dienstbereitschaft im Kerne unserer Existenz (...) Wagt es zu verzichten auf all eure inneren vermeintlichen ‚Rechte', auf eure ‚Würdigkeiten', auf eure ‚Verdienste', auf aller Menschen Achtung – am meisten aber auf eure ‚Selbstachtung' – auf jeglichen Anspruch, irgendeiner Art von Glück „würdig" zu sein und es anders als nur geschenkt aufzufassen: So erst seid ihr demütig!" (M. Scheler, Vom Umsturz der Werte, Bern 1955, S. 17f.)

Und wenn Montessori formuliert, alles, was das Kind brauche, sei „Milch und Liebe", so kommentiert dies Scheler, wenn er sagt: **„Die Demut ist ein Modus der Liebe."** (Scheler, a.a.O.)

Wer in diesem Geiste, wer aus dieser Haltung heraus

demütig ist und damit im Sinne der Montessori-Pädagogik religiös, folglich auch auf eine demütige Lebenshaltung hin erziehen will, wird dies nach folgenden Gesichtspunkten tun:

1. Er nimmt die Situation seines Kindes im umfassenden und besonders im religiösen Sinne realitatsnüchtern wahr und enthält sich vorschneller Bewertung.
2. Er lebt vor, was er als richtig erkannt hat, zwingt aber seinem Kind diese Lebensweise nicht auf, bietet sie ihm an, dienstbereit, aber nicht diensteifrig, als Modell, aber auch zur Auseinandersetzung.
3. Er gestaltet und verantwortet Situationen, in denen das Kind sich seinerseits ganz einer dem Guten verpflichteten Sache hingeben, sich an sie verlieren kann.

So wird aus der Haltung, besser der Tugend der Demut, soweit sie das Handeln des Erziehers bestimmt, eine Erziehung zur Demut für das Kind.

Dabei lernt es, realitätsbewußt zu leben und deshalb bereit zu sein, um der Menschen und der Dinge willen Dienst zu tun.

Dadurch erwirbt es die Fähigkeit, sachkompetent auf die „Stimme der Dinge zu hören" und ihnen gemäß zu handeln.

So wird wird es dazu ermutigt, in der Person des Nächsten und „im Ruf der Natur die Stimme Gottes zu erkennen".

Meine Demut ist mein größter Stolz...

Sie saßen ziemlich bedrückt da. Das kannte ich gar nicht von ihnen.

„Kann ich Sie mal sprechen?"

„Jetzt nicht."

„Aber morgen in der großen Pause."

Fast hätte ich es vergessen.

Aber Bärbel ist da.

„Die anderen meinen vielleicht, ich wollte mich bei ihnen einschmeicheln. Aber es muß jetzt raus."

„Also was?"

„Wir haben keine Kraft mehr. Die Klausuren haben Sie ja gut verteilt. Aber die Zusatzarbeiten."

„Welche?"

„Jede Woche eine Ausarbeitung für die Praxis im Kindergarten. Drei von uns haben ‚Lehrprobe', jede Woche. Referate stehen auch an, und dann noch für Pädagogik die Zusammenfassung.

Wir kommen morgens im Dunkeln, wir gehen abends im Dunkeln nach Hause. Unsere Familien und Freunde… Beziehungen gehen kaputt.

Und selbst am Sonntag müssen wir noch arbeiten. Das kann eine katholische Fachschule für Sozialpädagogik doch nicht wollen."

Mir fällt dazu nicht viel ein.

„Schreiben Sie doch einfach alles einmal ungeschminkt und präzise auf.

Ich nehme es mit in unsere wöchentliche Konferenz."

Drei Tage danach.

„Warum haben Sie es nicht eingebracht?"

„Woher wissen Sie das?"

Ich suche nach Ausreden: „Ihre Angelegenheit war mir zu wichtig, als daß ich fünf Minuten vor Schluß noch…"

Ihr ganzes Gesicht ist Enttäuschung und auch Trauer. Sie hatte auf mich gesetzt.

Das engbeschriebene Blatt, ungeschminkt und präzise,

finde ich beim Aufräumen unter einem Stapel anderer Papiere.

Einfach vergessen.

Morgen werde ich sie fragen, ob sie Zeit für mich hat. Man vergibt sich doch nichts als Direktor ... oder? Aber man braucht auch Vergebung. Oder?

Der Montessori-Pädagoge, ganz gleich ob Vater, Mutter, Erzieher oder Lehrer, kann gar nicht anders gedacht werden als in diesem Sinne demütig.

Wenn dies gelingt und wir um unser Ausgeliefertsein an den Hochmut und die Arroganz der Mächtigen wissen, dann braucht für religiöse Erziehung keine besondere Methode gefunden zu werden. Dann **ereignet sich durch die Person des Erziehers unmittelbar religiöse Erziehung, sofern er glaub-würdig ist.**

Ob das ohne „metanoia", ohne Umkehr gelingt?

Montessori bezeichnet den Erzieher als „Mitarbeiter der Schöpfung". Sie traut uns zu, uns Eltern, Erziehern, Lehrern, diesen Weg der Demut in Konsequenz zu beschreiten. Andernfalls könnte es geschehen, daß wir sagen – so beklagt es Montessori –, „wir wollen das Kind zu Gott führen, in Wirklichkeit aber meinen wir, es solle zu uns kommen".

Die demütige Haltung des Erziehers ist für Montessori Bedingung religiöser Erziehung.

Doch dies allein reicht ihr noch nicht:

„Wenn man die Gesetze der Entwicklung des Kindes entdeckt, so entdeckt man den Geist und die Wahrheit Gottes, der im Kind wirkt. Wir müssen die objektiven Bedürfnisse des Kindes achten, als etwas, das Gott uns zu befriedigen auferlegt. Dies ist der wahre pädagogische Geist

(...) Wenn wir im Rufe der Natur den Ruf Gottes erkennen, der uns sagt, daß wir dem Kind helfen sollen, dann werden wir immer bereit sein, diesen Bedürfnissen zu entsprechen. Dann werden wir sehen, daß wir uns auf diese Weise den Plänen Gottes zur Verfügung stellen und daß wir am Werk Gottes im Kind Anteil haben."

(Kinder, die in der Kirche leben, S. 235.)

Auf diese Weise an der Weltgestaltung, an der Umsetzung des Schöpfungsauftrages Anteil zu haben, mutet uns einiges zu.

Ehrlicherweise müssen wir uns immer wieder unser Versagen auf diesem Weg eingestehen.

Wie würde sich die Beziehung zwischen Kind und Erwachsenem verändern, wenn das „Vergib mir meine Schuld" im Erziehungsalltag wenigstens mitgedacht, vielleicht sogar, demütig-mutig, bisweilen ausgesprochen würde?

Auf Unwissenheit jedenfalls darf sich der Montessori-Pädagoge nicht zurückziehen, denn Montessori verlangt von ihm, um Gottes und damit des Kindes willen, die „Gesetze der Entwicklung des Kindes" zu kennen und zu befolgen.

Einige dieser Gesetze glaubt Montessori entdeckt zu haben. Folgen wir dahingehend ihren Erkenntnissen, wird uns der Weg zur Praxis der religiösen Erziehung im Sinne Montessoris aufgezeigt.

6. Kapitel

„Alles, was Sinn macht...“
Sinneserziehung als religiöse Erziehung

Himmlische Pflaumen

Wenn Benedikt die Küchentüre hinter sich schließt, weiß jeder bei uns zu Hause: Jetzt wird irgend etwas gezaubert. Und keiner traut sich, die Küche zu betreten.

Er zelebriert sein Küchengeheimnis auf eigenartige Weise. Musik aus eiem tragbaren CD-Player kommentiert das Kochgeschehen. Und wer genau hinhört, bekommt eine Ahnung von dem, was die Familie zu erwarten hat. Jazz schmeckt später anders als Vivaldi.

Er wählt mit Bedacht aus.

Das Schlüsselloch – ein begehrter Platz – verrät: Heute hat er sich besonders gewandet: Die edle Küchenschürze mit Tradition ist angelegt. Barockmusik und feine Spitze: Unsere Erwartung ist hoch.

Diesmal zelebriert er ein viertägiges Küchengeheimnis.

Jeden Abend etwa fünfzehn Minuten lang. Am zweiten Abend entdecke ich, daß ein guter Rotwein im Keller fehlt. Na ja. Der durchs Haus ziehende Duft entschädigt mich.

Sonntagmittag: „Ich serviere jetzt den Nachtisch.“

Er hat Portionen angerichtet.

Auf einem Tablett trägt er sie hinein. „Rotwein-Pflaumen-Mousse an handgefertigtem Vanilleeis...“

Wo er diese abgehobene Sprache wohl her hat?

Wir sind uns einig: „Himmlisch." Der Duft, der Geschmack, die Präsentation.

Und wie zum Trost: „Papa, vom Rotwein ist noch was übrig."

Ein Sinnenmensch, der bei passender Musik und in angemessener Kleidung (Küchen-)Geheimnisse zelebriert und mit einer eigenen Sprache zum Schmecken darbietet, was anderen wie himmlische Genüsse vorkommt: Das hat etwas an sich von Kult, von Feier, von Fest. Erst recht, wenn wir noch Tischtuch, Kerzen, Blumen und Tischmusik miteinbeziehen. Es geht uns richtig gut.

Es lohnt sich, genau hinzuschauen: Zauber und Zelebrieren, Geheimnisse und besondere Gewänder, Symbole wie Kerzen und Blumen, eine eigene alltagsenthobene Sprache und Gestik, das Servieren des Essens (servire = dienen): Der menschliche Alltag (oder Sonntag) verweist in vielfältiger Weise vom Sinnlichen (Tasten, Schmecken, Hören, Riechen) auf das Übersinnliche.

Im Kult ereignet sich die Begegnung zwischen Gott und Mensch. Im Kult verbinden wir unsere Sinneserfahrungen mit dem transzendenten Geheimnis unserer Existenz.

Die Ausdrucksform unterscheidet sich entsprechend dem jeweiligen Glauben oder der Konfession. Immer jedoch sind die Sinne des Menschen entscheidend beteiligt. So läßt sich feststellen: **Der Zugang zur Sinndimension menschlicher Existenz ereignet sich ganz wesentlich und zunächst über unsere Sinne.**

Um diese einfache Wahrheit haben alle Religionen und Ersatz-Religionen gewußt und demgemäß die Sinne in vielfältigster Form in ihren jeweiligen (Pseudo-)Kult einbezogen.

Sinneserfahrungen helfen Menschen, sich die Welt zu erschließen, gleichzeitig bieten sie die Möglichkeit, sich für das Überweltliche, Transzendente aufzuschließen.

Das weiß auch Montessori.

Daher ist es ihr An-„sinnen", **über die „Sinne" zum „Sinn"** (Verstand/Geist) zu führen, „sens"ibel zu machen für das „Sinn"-volle; denn „nichts ist im Verstand, was nicht zuvor im Sinne war" (nihil est in intellectu, quod non antea fuerit in sensu, J. Locke).

Das heißt, nicht nur das Sinnvolle, auch das Wider-sinnige und Sinn-widrige hat über die Sinne Zugang zum Wesen des Menschen. Hier ist Erziehung gefordert.

Montessori-Pädagogik will über die Erziehung der Sinne den Verstand öffnen, um dem Kind ganzheitlich einen Zugang zum Sinn des Lebens zu ermöglichen.

Realismus ist angezeigt. Montessori fragt nach der Ausgangssituation des Kindes und stellt fest: Das Kind „läßt sich mit einem Erben vergleichen, der nicht weiß, wie groß seine Schätze sind und nun sehnlichst ihre Bewertung durch Heranziehung eines Fachmannes, ihre Katalogisierung und ihre Einordnung erwartet, damit sie ihm sofort voll und ganz zur Verfügung stehen." (Die Entdeckung des Kindes, S. 113)

In diesem Bild wird deutlich, um was es Montessori geht: Auf das kleine Kind ist während der ersten beiden Lebensjahre eine Fülle von Eindrücken zugekommen, die es nahezu unterschiedslos in sich aufgesogen hat, darin vergleichbar einem Schwamm, der sich mit Wasser füllt. Montessori spricht von einem „absorbierenden Geist" des kleinen Kindes.

Diese Vielzahl unterschiedlichster Sinneserfahrungen gilt es dem Kind durch Ordnung und Systematisierung verfügbar zu machen.

Auf natürlichem Wege sollen die Sinnesentwicklung des Kindes unterstützt und gefördert und gleichzeitig seine Handlungsmöglichkeiten erweitert werden.

Dazu aber bedarf es geschulter Personen, d.h. jemand muß da sein, der die notwendigen Erfahrungen des Kindes methodisch lenkt und dafür Sorge trägt, daß sie zum jeweils richtigen Zeitpunkt erfolgen, weder zu früh noch zu spät.

„Wird die Ausbildung der Sinne in einem Alter unternommen, in dem von Natur aus die formative Periode zu Ende ist, dann erweist sie sich als schwierig und unvollkommen. Das Geheimnis (...) besteht in der Nutzung dieser Lebensspanne zwischen 3 und 6 Jahren, in der eine natürliche Neigung besteht, Sinne und Bewegungen zu vervollkommnen." (Die Entdeckung des Kindes, S. 162)

Klar ist, daß die Sinneserziehung nicht dem Zufall überlassen werden darf. „Deshalb sollte die Sinnesausbildung im kindlichen Alter methodisch beginnen..."(a.a.O., S. 164)

Klar ist auch, daß dazu eine entsprechende Ausbildung vonnöten ist.

Für unsere Fragestellung ist aber besonders bedeutsam, daß der Erzieher im Kindergarten sich bewußt ist:

Die Ausbildung der Sinne hat eine implizite religionspädagogische Dimension. Sinneserziehung ist immer auch Sinnerziehung. Daher ist größte Sorgfalt geboten.

Montessori betont zudem: „Schönheit liegt in der Harmonie, nicht in den Kontrasten, und die Harmonie liegt in der Verfeinerung; also ist die Feinheit der Sinne nötig, um sie wahrzunehmen; die schönen Harmonien der Natur und der Kunst entziehen sich den Menschen mit derben Sinnen. Für sie ist die Welt eingeengt und rauh. Es gibt in der Umwelt unerschöpfliche Quellen zum Genuß des Schönen, an denen Menschen vorübergehen, als hätten sie keine Sinne oder als seien sie Tiere; statt dessen suchen sie den Genuß in den starken und groben Sinneswahrnehmungen, die ihnen als einzige zugänglich sind..." (a.a.O., S. 165)

Sinneserziehung nimmt hinein in die Wahrnehmung der Schöpfung, vermittelt Schöpfungsoptimismus und bereitet ökologisches Bewußtsein vor.

Und sozialkritisch fügt Montessori hinzu: „Bei tieferem Nachdenken erkennen wir, daß fast alle Verfälschungen von Nahrungsmitteln durch die in der breiten Masse vorhandene Trägheit der Sinneswahrnehmungen ermöglicht werden. Der Betrug durch die Industrie lebt von der fehlenden Sinnesausbildung des Volkes..." (a.a.O., S. 63 f.)

Die Sinneserziehung nach Montessori trägt also im Rahmen ihrer religiösen Dimension die ästhetische und ökologische in sich.

Dies festzustellen ist um so erstaunlicher, wenn man weiß, daß diese Aussagen in den zwanziger Jahren unseres Jahrhunderts gemacht wurden (vgl. dazu auch Kap. 9).

In der Tat, Sinneserfahrungen weisen über sich hinaus. Gestern erlebte ich folgende Szene:

Transzendenz einer Schneeflocke

Sie ist erst ein paar Tage bei uns. Aus Eritrea kommt sie. Sie spricht nicht viel.

In unserem Kinderhaus sind viele Kinder aus fremden Ländern. Geflohen. Übergesiedelt. Sie sprechen alle nicht viel. Aber die Augen, die erzählen.

Die Kinder sind draußen. Schneeflocken, die ersten in diesem Winter, wollen begrüßt sein.

Sie steht da, die Augen zunächst weit geöffnet.

Dann blickt sie voll Staunen zum Himmel, schließt ihre Augen und läßt Schneeflocke um Schneeflocke auf ihr braunes Gesicht segeln.

Jetzt öffnet sie ihre Hand. Streckt den Arm weit aus. Und mit sanfter Bestimmtheit landet ein weißes Flöckchen mitten auf der Handfläche. Sie schaut und schaut und schaut. Schließt plötzlich die Hand, wendet sich um, springt hinein. „Die Schuhe aus." Sie hört es nicht.

Da, wo die Kerze sonst brennt, da, wo man allein sein will zum Gebet, hat sie sich hingehockt auf den Boden.

Die Schneeflocke hat sich in Wasser verwandelt. Sie betupft den Tropfen leicht mit dem Finger der anderen Hand. Langsam gleitet der Tropfen hinab.

Er formt sich.
Das Blatt einer Blume nimmt ihn auf.
Und wieder schaut sie und schaut,
durch den Tropfen hindurch,
durch die Blume hindurch.
Wohin?

Schneefall kann man nicht planen.

Eigentlich müßte man alle wesentlichen Sinneserfahrungen in Form von Materialien in den Raum holen, um den Kindern jederzeit zur Verfügung zu stehen. Und genau dies tut Montessori-Pädagogik.

Nehmen wir uns ruhig etwas Zeit, um die Tiefe und Vielfalt des Montessori-Sinnesmateriales ein wenig genauer kennzulernen.

Eine erste Frage lautet: Wovon hängt es denn ab, welche Sinnesmaterialien den Kindern angeboten werden sollen?

Für Montessori galt eigentlich nur ein Maßstab der Tauglichkeit: Können die Kinder im Umgang mit diesem Material zur Ordnung und Gestaltung der Sinne zu einer so vertieften **Konzentration** gelangen, daß sie gleichermaßen aktiv und verweilend, dabei ihre Persönlichkeit entwickeln (siehe dazu Kap. 7)?

So studierte sie intensiv, wie die Kinder mit den angebotenen Sinnesmaterialien umgingen.

Erschließt sich deren Benutzung dem Kind nahezu von selbst? Genügt eine kurze, klare Enführung durch die Erzieherin?

Kann das angestrebte sachliche Ziel (zum Beispiel „lang" und „kurz" unterscheiden zu können) vom Kind auch ohne fremde Hilfe unmittelbar sinnenhaft errreicht werden? Wie oft wählen die Kinder dieses Material? Mögen sie es?

Welche weiteren **Entwicklungsmöglichkeiten** bieten sich aus dem Sinnesmaterial heraus dem Kind an?

Montessori wählte aus, entwickelte, erprobte und verwarf wieder. Ein Prozeß von über fünfzig Jahren führte zur Standardisierung des Montessori-Sinnesmateriales, wie wir es heute in Kinderhäusern finden.

Eine zweite Frage lautet:

Welche Arten von Sinnesmaterial sind nötig?

Die Antwort ist einfach: Sinnesmaterialien müssen alle Sinne erreichen. Aber was heißt das?

Jeder **Sinnesreiz** – und manchmal werden ja gleichzeitig mehrere Sinne angesprochen – löst einen komplexen biophysischen Prozeß bei uns aus.

Ganz gleich, ob der Magen knurrt (wir sprechen von einem von innen kommenden, endogenen Reiz) oder ob uns eine Schneeflocke auf die Hand fällt (wir sprechen von einem von außen kommenden, exogenen Reiz) – jeder dieser Reize trifft auf sogenannte Annahmestellen, Rezeptoren. Diese Rezeptoren leiten den ausgelösten Reiz an unsere Nervenbahnen weiter, so daß in kaum meßbar kurzer Zeit das Gehirn eine Information erhält. In ebenso kurzer Zeit wird die Nachricht dort verarbeitet, und wir beginnen, auf diesen Reiz zu reagieren: Wir steuern unser Verhalten, willentlich und bewußt oder auch unwillentlich oder unbewußt.

Es gibt verschiedene Modelle, unsere Sinne zu beschreiben.

Am einfachsten ist es wohl, angenehme (adäquate) und unangehme (inadäquate) Sinneserfahrungen zu unterscheiden. Aber das kann von Mensch zu Mensch verschieden sein.

Gängig ist auch, die Sinneserfahrungen nach den aufnehmenden Organen zu unterscheiden.

So kennen wir den Gesichtssinn und beschreiben damit die Sinneswahrnehmungen durch das Auge (Farben, Formen, Dimensionen, Räume).

Die Sinneserfahrungen, die wir vornehmlich mit unseren Händen und Füßen machen können, werden beschrieben mit Tastsinn oder dem mechanischen Sinn. Statischer Sinn ist die Bezeichnung unserer Sinnesempfindlichkeit für Gleichgewicht und Bewegung. Die Sinneswahrnehmungen von Geschmack und Geruch faßt man zusammen als chemischen Sinn. Unsere Fähigkeit, Wärme und Kälte zu empfinden, wird vom Temperatursinn bestimmt, und der Gehörsinn nimmt alle akustischen Wahrnehmungen auf und leitet sie weiter.

Daß wir auch über einen Schmerzsinn verfügen, ist nicht zu bestreiten – er läßt sich aber nicht so ohne weiteres einem bestimmten Organ zuordnen.

Ganz gleich, welche Sinneswahrnehmung wir machen, sie wird von uns verarbeitet und verändert uns. Wir vergleichen neue Erfahrungen mit schon gemachten, wir haben Vorerwartungen und Gefühle, wir bewerten und beurteilen. Und schließlich agieren und reagieren wir. Zunächst für uns, immer aber in einer Umwelt. Und das bleibt nicht ohne Folgen – für uns selbst, unsere Mitmenschen, unsere Umwelt.

Auch hier wird wieder deutlich: Sinneserfahrungen weisen über sich hinaus. Sie berühren den Bereich der Verantwortung, der Ethik, der Moral.

Das wird manchmal in ganz schlichten Alltagserlebnissen deutlich:

Pille

Pille gab Mathe bei uns. Wir mochten ihn, den Herrn Oberstudienrat.

Aber er hieß nur Pille. Denn er mochte auch uns.

Pille hatte Mundgeruch. Subjektiv und objektiv. Und das wußte er. „Pullmoll" gab Pille den Namen. Nie ohne Pille.

Ab und zu sauste bei einem scharf artikulierten Satz Pilles Pille durch den Raum. Volle Deckung.

Wir mochten Pille. Nicht nur wegen „Pullmoll". Aber auch deswegen. Denn sonst hatte er Mundgeruch. Das ist nicht gut für Mathelehrer. Erst recht nicht für Matheschüler.

Man fühlt sich nicht wohl, wenn es einem „stinkt".

Was meinen wir, wenn uns „eine Sache zum Himmel stinkt"?

Und wie gehen wir damit um?

Die dritte Frage lautet: Auf welche Weise will das Montessori-Sinnesmaterial diese Ansprüche erfüllen?

Zunächst einmal hat es eine klare Struktur.

Das Montessori-Sinnesmaterial ist geordnet nach sinnesphysiologischen Merkmalen. Durch Gegenstände sollen bestimmte Sinnesreize entsprechend den unterschiedlichen Rezeptoren ausgelöst und vom Kind verarbeitet werden.

Für jeden der genannten Sinne (außer dem Schmerzsinn natürlich) wird dem Kind eine Gruppe aufeinander aufbauender Materialien angeboten.

Im Rahmen dieser Gruppe haben die Materialien die gleiche Eigenschaft, unterscheiden sich jedoch durch klar und gleichmäßig abgestuft zunehmende Differenzierung, wobei Maximum und Minimum, Kontrast und Extrem dem Kind erfahrbar sind.

Jeder einzelne Gegenstand in dieser ausschließlich einem Sinn zugeordneten Materialgruppe weist möglichst nur die eine Eigenschaft auf, die es zu erleben gilt. **(Prinzip der Isolierung einer Eigenschaft)**

Die so bewirkte Eindeutigkeit schafft Freude am Unterscheiden.

Aus der Vielzahl der Sinnesmaterialien – es mögen an die 40 verschiedene und doch klar einander zugeordnete sein, die in sich noch einmal nach den genannten Prinzipien differenziert sind – möchte ich nur drei herausgreifen. Man müßte sie in die Hand nehmen können.

Das geht hier nicht, also beschreibe ich sie.

Es soll ansatzweise sichtbar werden, daß jedes Sinnesmaterial mehr ist und bewirkt, als es zunächst den Anschein hat.

Lebenssinn ertasten

In Rahmen der Sinneserziehung kommt der Schulung und Entwicklung des mechanischen Sinnes (Tastsinn) besondere Bedeutung zu.

Eines der vielfältigen Materialien sei hier beschrieben:

Auf ein rechteckiges Holzbrettchen, dessen Oberfläche glattlackiert ist, findet sich in der oberen Hälfte ein ebenfalls rechteckiges Stückchen Sandpapier so aufgeklebt, daß ringsum noch ein gleichmäßiger Rand spürbar ist.

Das (zwei- bis dreijährige) Kind fährt nun mit den Fingern seiner Hand der Länge nach über die rauhe und die glatte Fläche und spürt so den Unterschied zwischen rauh und glatt.

Ein zweites Brettchen mit grundsätzlich gleichen Merkmalen enthält auf seiner Oberfläche nun nicht mehr zwei gleichgroß glatte und rauhe Flächen, sondern statt dessen sind fünf gleichgroße Sandpapierstreifen der gleichen Körnung in regelmäßigem Abstand aufgeklebt. Die kontrastreiche Sinneserfahrung rauh – glatt wird beim Nachfahren der Fläche mit den Fingerspitzen der Hand verfeinert.

Das dritte Brettchen, strukturiert wie das zweite, bietet nun Sandpapierstreifen mit möglichst gleichmäßig sich vergröbernder Körnung. Beim tastenden Nachfahren mit den Fingerkuppen erfolgt eine weitere Verfeinerung und Differenzierung des Tastsinnes.

Darüber hinaus gibt es ein Kästchen mit fünf Paar Brettchen, deren Oberfläche mit Sandpapier unterschiedlicher Körnung beklebt ist. Hier gilt es, die passenden Brettchen einander durch Ertasten zuzuordnen, und anschließend nach der Abstufung der Rauhigkeit zu sortieren.

Erst später werden dem Kind die Begriffe „rauh", „glatt" und entsprechend weitere dazugegeben, wenn es sie nicht bereits selbst in seinem aktiven Wortschatz besaß.

Alles, was um es herum rauh oder glatt ist, kann es nach ausgiebiger Erfahrung dieses Materiales – und das kann durchaus einige Zeit beanspruchen – als solches erkennen und benennen: Es ist ihm verfügbar, „inkarniert", würde Montessori sagen.

Diese mit den Händen (und Füßen) ertastete Grunderfahrung ist Voraussetzung dafür, in einer späteren Phase des Lebens bildhaft-sinnenbezogen feststellen zu können, ob sich ein Mensch „rauh" verhält oder eher ein „glatter Typ" ist, um zu begreifen, daß im Leben „nicht immer alles glatt geht", um zu beurteilen, daß Menschen „rauh, aber herzlich" sein können und „in einer rauhen Schale oft ein guter Kern steckt", vielleicht auch, um zu der Erkenntnis zu kommen, daß die rauhen Seiten des Lebens einerseits durchaus ihren Sinn haben, andererseits auf einen höheren Sinn verweisen, den man bei konturloser Glätte möglicherweise gar nicht wahrgenommen hätte.

Wenn im Montessori-Kinderhaus die Entfaltung und Erfahrung des mechanischen Sinnes (Tastsinnes) so konsequent und und präzise erfolgt, dann öffnet sich dem kleinen Kind unmerklich – und oft den Pädagogen nicht bewußt – die Tür zum letzten Lebenssinn, zu Gott.

Dem letzten Geheimnis unserer Existenz läßt sich nur tastend und suchend nahekommen.

Der Weg dorthin ist beileibe nicht glatt, häufig eher rauh und voller Hindernisse.

Alle großen Religionsstifter haben sich, oft wahrlich mit Händen und Füßen, an ihn herangetastet. Wüstenerfahrungen (Jesus,Buddha) sind Sinneserfahrungen. Die gesamte Passion Jesu ist eine einzige Sinneserfahrung.

Bei all diesen Tasterfahrungen lernt das Kind „hand"elnd.

Die suchende und forschende Hand des kleinen Kindes – immer wieder schreibt Montessori voller Bewunderung darüber – tastet sich hinein in das Begreifen der Welt, mehr noch, tastet sich Tag für Tag vor in die Sinndimenson des menschlichen Lebens.

Sie kann dabei abrutschen und manchmal keinen Halt finden. Sie kann aber auch, wenngleich der Zeitpunkt von uns nicht planbar ist, ergreifen, begreifen, Halt und Sinn finden.

Mit ihrer Kultur des sinnenhaften Ertastens von Welt schafft Montessori-Pädagogik dem Kind einen Zugang zum tastend erfahrbaren Sinn des Lebens, zu Gott.

Keiner Montessori-Einrichtung ist aufgegeben, dies so zu formulieren. Jede Montessori-Einrichtung aber sollte um diesen lebensbedeutsamen Zusammenhang wissen.

Ganz Ohr sein

Die sogenannten „Geräuschdosen" erfreuen sich nicht nur bei Kindern allergrößter Beliebtheit. Eltern nehmen sie gerne in die Hand und experimentieren damit, Erzieherinnen bauen sie gerne nach.

Zwei schöne Holzkästchen, das eine mit einem roten, das andere mit einem blaulackierten Holzdeckel verschlossen, enthalten je sechs hölzerne, innen hohle, säulenformige Dosen. Die einen sind rot verschlossen (und nicht zu öffnen), die anderen blau. Nach außen hin und auch in ihrem Gewicht unterscheiden sich diese Geräuschdosen sonst durch nichts. Es wird also alles ausgeklammert, was vom Geräusch ablenken könnte. Die Dosen sind mit verschiedenen Materialien so gefüllt, daß durch behutsames Schütteln neben dem Ohr klar unterscheidbare Geräusche vernehmbar sind. Die Dosen im blauen Kästchen produzieren exakt die gleichen Geräusche wie die Dosen im roten Kästchen.

Eine Vielzahl von Erfahrungen ist nun möglich.

Bedingung dafür ist: Man muß mit voller Aufmerksamkeit hinhören.

Die Grundübung besteht darin, die passenden Geräuschdosen aus den beiden Kästen einander zuzuordnen. Man nimmt das erste Döschen aus der einen Reihe und schüttelt es neben dem rechten Ohr, gleichzeitig neben dem linken Ohr ein Döschen aus der anderen Reihe, bis man schließlich die passenden Geräuschdosen vor sich in zwei Reihen, die eine blau, die andere rot, hinstellen kann.

Manchem Erwachsenen gelingt es nicht, das passende Döschen mit dem feinsten, kaum vernehmbaren Geräusch herauszufinden. Bisweilen wird bei einem Kind mit Hilfe der Geräuschdosen sogar eine fehlerhafte Gehörfunktion entdeckt.

Schließlich ist es möglich, die Geräuschdosen in der Reihenfolge der Geräuschintensität zu ordnen – für Kinder und Erwachsene ein spannendes Erlebnis.

Die begriffliche Bezeichnung der zuvor gemachten Sinneserfahrungen, z. B. „laut" und „leise", erfolgt jeweils zum geeigneten Zeitpunkt.

In ihren Ausführungen zum Spracherwerb macht Montessori mit Nachdruck deutlich, daß der Mensch zuallererst und in unüberbietbarer Intensität ein Hörender ist, bevor er die ersten Laute, Silben und Worte artikuliert.

Sie legt also großen Wert auf eine Kultur des Wortes und der Klänge. Denn schließlich baut das Kind über das Hören seine Sprache auf.

Das neugeborene Kind, jenes Wesen also, das nach Montessori am deutlichsten das Göttliche in unsere Welt hineinspiegelt, ist besonders während seiner ersten Lebensmonate „ganz Ohr".

Diese Grundhaltung muß in das sich differenzierende kindliche Leben übernommen und weiter kultiviert werden, wenn der Mensch zu einem Wesen der Verständigung und des Verstehens werden soll.

Man muß nicht nur offene Augen, sondern auch ein „offenes Ohr" haben, wenn man die Situation anderer wahrnehmen will.

Man muß ein „offenes Ohr" haben, wenn man den Bedürfnissen anderer Menschen „Gehör schenken" will.

Dabei ist es von Bedeutung, auch die „leisen Töne" und die „Zwischentöne" zu vernehmen.

In den Überlieferungen der Hochreligionen wird immer wieder berichtet, daß nur der Hörende die Stimme Gottes, die Offenbarung des Göttlichen wahrnimmt. (Propheten zum Beispiel sind zuerst Hörende und dann Verkündende. Gott offenbart sich in vielfacher Weise durch das Wort, oft auch durch akustische Phänomene wie etwa Donnergrollen.)

In Montessori-Einrichtungen lernen die Kinder in vielfältigster Form die Kultur des Hörens. Der konsequenten und vielfältigen Sensiblisierung des akustischen Sinnes (Gehörsinn) trägt dabei nicht nur das Montessori-Material Rechnung.

Die menschliche Stimme ist mehr als nur Träger von Informationen. Sie vermittelt Gefühle und löst diese aus.

Der Montessori-Erzieher weiß um die Bedrohung des Wortes durch inflationären Umgang mit Sprache. „Erzieher, zähle deine Worte", fordert Montessori und setzt konsequent neben die Kultur des Hörens und des Sprechens jene der Stille und des Schweigens (siehe Kap. 7).

Auf diese Weise vollzieht sich mit der Verfeinerung und Differenzierung des akustischen Sinnes mehr als nur eine Bereicherung an Wahrnehmungsmöglichkeiten.

Über Hören und Sprechen findet darüber hinaus soziale Erziehung statt. Dieser horizontalen Dimension des Hörens entspricht eine vertikale: Im **„Ruf der Natur", in der „Stimme der Dinge" erschließt sich dem Hörenden die „Stimme Gottes". Montessori-Pädagogik als Schule des Hörens ist auf diese Weise religiöse Erziehung.**

Es ist den Trägern der Montessori-Einrichtungen freigestellt, sich selbst und Eltern gegenüber diese Dimension der Sinneserziehung zur Sprache zu bringen. Es gibt eigentlich keinen vernünftigen Grund, dies nicht zu tun.

Mag sein, daß der Montessori-Erzieher durch den Dienst am Kind wieder „ganz Ohr" wird für das Geheimnis der menschlichen Existenz, das wir Gott nennen.

Wahre Größe besitzen

Die wahren Dimensionen des Lebens kennenlernen... Ich weiß nicht genau, ob man dies hoffen oder eher fürchten soll.

Im Rahmen der Montessori-Sinneserziehung findet sich das sogenannte Dimensionsmaterial.

Wie die übrigen Sinnesmaterialien weist es über seinen Zweck hinaus auf die Ebene der religiösen Erziehung.

Der „rosa Turm" zum Beispiel ist so schlicht, daß man ihn kaum noch vereinfachen könnte. Just diese Schlichtheit ist es, die seine wahre Dimension sinnfällig macht:
Es geht um die Erfahrung von „groß" und „klein".

Zehn sorgfältig rosa lackierte Vollholzwürfel liegen auf einem kleinen Arbeitsteppich vor dem Kind auf dem Boden.

Der größte dieser Würfel hat eine Kantenlänge von zehn Zentimetern. Jeder weitere Würfel nimmt um je einen Zentimeter in der Kantenlänge ab.

Behutsam und achtsam – die Erzieherin hat es ihm vorher einmal gezeigt – nimmt das zwei- bis dreijährige Kind den für es doch recht großen ersten Würfel ($10 \times 10 \times 10$ cm) mit beiden Händen. Den nächstfolgenden setzt es mittig oder Kante an Kante darauf, und so geht es weiter, bis schließlich der winzig kleine Würfel mit den Maßen $1 \times 1 \times 1$ den „rosa Turm" krönt.

Mit den Fingerspitzen beider Hände fährt das Kind von

unten nach oben den Turm an seinen Kanten nach. Immer weniger, immer kleiner wird, was es mit den Händen erspürt, schließlich ist fast gar nichts mehr da.

Worte sind bei dieser Erfahrung eigentlich nicht nötig und auch nicht sinnvoll. Und wenn das kleine Kind beim Aufbau einen Fehler gemacht hat, so findet es ihn selbst heraus.

Und zwar über seine Finger. Wird nämlich der Sprung von Kante zu Kante über die vorher erspürten Maße zu groß, so kann etwas nicht stimmen. Zur Not kann es ja den kleinsten Würfel als Maßstab nehmen und schauen, ob der genau an die Ränder paßt, wenn es zuvor den Turm Kante auf Kante aufgebaut hat.

Und jetzt kann man mit den Dimensionen spielen, sie in Beziehung zueinander setzen:

Welch ein Unterschied, wenn der größte Würfel neben dem kleinsten liegt! Wie seltsam, gerade noch war der Würfel mit der Kantenlänge 5 cm so klein neben dem mit der Länge 9 cm. Jetzt aber, wo er neben dem mit der Länge 2 cm liegt, ist er ganz groß usw. Es sind viele Variationen möglich.

Bei alledem geht es zunächst nur um eines:

Das Kind soll die Dimension „groß" und „klein" erfahren. Es soll wahrhaftig be-greifen, daß die Zuordnung von Dimensionen immer relativ ist.

Dabei sollte es es nicht bleiben.

Klein und groß: damit verbindet sich eine existentielle Erfahrung für das Kind. Da ist der große Bruder, der so viel kann und darf. Da ist die kleine Schwester, um die sich alle viel mehr kümmern. Da bin ich selber. Man nimmt mich manchmal wie ein Spielzeug hoch, weil ich noch klein bin. Niemand hat mich um Erlaubnis gefragt. „Wenn du mal groß bist..." – wie oft ist dies Tröstung, Versprechung im kindlichen Alltag.

Aber noch mehr wird im Umgang mit diesem Sinnesmaterial deutlich.

Ohne den kleinsten Würfel fehlte dem „rosa Turm" die Vollendung, wäre seine Harmonie wesentlich gestört.

Ohne die kleinen, kleinsten, für uns nicht mehr sichtbaren Lebewesen und Dinge würden wir gar nicht existieren können.

Klein und groß, das hat nichts mit wertvoll oder wichtig zu tun. Klein und groß sind Beschreibungen von Erfahrungen, welche die uns umgebende sichtbare und nicht sichtbare Realität in Beziehung zu uns und unseren Möglichkeiten bringen.

Dies sinnenhaft erfahren, erlebt zu haben ist auch hier Voraussetzung, um die Überschreitung in die Dimension des (Lebens-)Sinnes mitvollziehen zu können. So wird nur, wer die Relativität von „groß" und „klein" im Sinne Montessoris „inkarniert" hat, wertschätzend von „wahrer Größe" reden können. Um „Großtaten" als solche zu erkennen und zu bewerten, muß man Maßstäbe haben und um Relationen wissen. Sogenannte „Kleinigkeiten" sind möglicherweise für andere durchaus von furchterregender Größe. Im Umgang mit anderen Menschen sollte man nicht „kleinlich" sein, dabei aber auch nicht versuchen, sich „größer zu machen als man ist".

Wie schon zuvor das Hören und Tasten weist die Sinneserfahrung von klein und groß über sich hinaus.

In allen Weltreligionen sprengt das Göttliche die menschlichen Maßstäbe von groß und klein, setzt sie aber zu seiner Beschreibung gleichzeitig voraus.

Zahlreiche Bilder beschreiben die unendliche Größe und damit Macht Gottes. Dem Menschen bleibt in seiner Winzigkeit nur das Staunen, die Demut, das Schweigen, das Gebet.

Montessori-Pädagogik öffnet dem kleinen Kind in behutsamer und konsequenter Weise sinnenhaft den Weg in diese Dimension menschlichen Lebens.

Sich selbst nicht größer machen, als man ist.

Sich selbst in Relationen sehen zu den Mitmenschen und zu Gott. Sich der Dimension unendlicher Größe im endlich Begreifbaren tastend annähern: Montessori-Pädagogik ist auf diese Weise religiöse Erziehung.

Was am Beispiel jeweils nur eines Sinnesmateriales für das Tasten, das Hören, die Dimensionen aufgezeigt wurde, läßt sich ebenso für alle andern Sinnesmaterialien darstellen.

Und die Praxis in Montessori-Einrichtungen?

Keinem Montessori-Pädagogen kann man diese Sicht aufzwingen.

Der Tiefendimension des Sinnesmateriales kann er sich allerdings nicht entziehen, sie liegt im Material selbst.

Für mich ist es ein großes Geschenk an den Montessori-Erzieher, wenn er darum weiß, daß die vielfältigen Sinnesmaterialien transparent, besser translucent sind, weil durch sie Lebenssinn aufleuchtet.

In der Tat, so betrachtet sind die Montessori-Sinnesmaterialien ein Mittel religiöser Erziehung.

Die bisweilen zu verspürende Hilflosigkeit im Bereich religiöser Erziehung kann dem konsequent und kompetent arbeitenden Montessori-Erzieher genommen werden: Das, was er mit der Erziehung der Sinne im Geiste der Montessori-Pädagogik tut, ist, wenn er es bewußt und bedacht tut, ein sinngebendes und sinnvolles Element religiöser Erziehung.

Kapitel 7

„Halt doch mal still(e)..."
Erziehung zum Schweigen als religiöse Erziehung

Schrei nach Stille

Montagmorgen. Ralph kommt rein.

Die Montessori-Freiarbeit hat schon begonnen. Einige Kinder gehen noch suchend durch den Raum. Viele sitzen bereits an ihren Plätzen und sind ruhig und konzentriert mit ihrer selbstgewählten Arbeit beschäftigt.

Ich sehe es ihm an. Heute ist es wieder soweit. Er kann die ruhige Atmosphäre nicht ertragen.

„Es geht nicht", sagt er. „Darf ich?"

Er darf.

Ich weiß, wenn er draußen auf dem Flur ist, geht er noch langsam zur Schultüre. Dann rennt er los. Einmal ums Gebäude. Und schreit, was er kann. Schreit sich das Wochenende aus dem Leibe.

Und dann geht er in unseren „Raum der Stille." Kein Raumprogramm hat so etwas je für einen Schulbau vorgesehen. Aber wir haben ihn eingerichtet.

In diesem Raum ist nichts. Kein Unterricht. Kein Lehrer. Kein Zweck. Nur Stille. Da kann man rein. Immer.

„Jetzt geht es", flüstert Ralph, als er zurückkommt. Er beginnt mit seiner Arbeit.

In der Montessori-Pädagogik spricht man von „Lektionen", wenn der Erzieher den Kindern wesentliche Erfahrungen und Erkenntnisse erschließen hilft.

Da ist zunächst einmal die **„Lektion der drei Zeiten"**, auch „Dreistufenlektion" genannt. Dabei handelt es sich um die sachbezogene und sprachlich überaus behutsame Einweisung in den Umgang mit den didaktischen Materialien, zum Beispiel dem Sinnesmaterial, den Übungen des praktischen Lebens, dem mathematischen und dem Sprachmaterial. Dies wird intensiv in den Diplomkursen vermittelt und geübt.

Einen völlig anderen Charakter und ganz andere Ziele hat die **„Lektion des Schweigens"**.

Entdeckt hat Montessori den Sinn und die Notwendigkeit einer solchen „Lektion des Schweigens" durch ein Schlüsselerlebnis mit Kindern. Aus diesem Erlebnis entwickelte sie das, was Besucher als die in Montessori-Einrichtungen spürbare „Kultur des Schweigens" immer wieder staunend erfahren.

Montessori berichtet:

„Unter ganz bestimmten Umständen habe ich die Kinder aufgefordert, sich nicht zu bewegen. Ich trug nämlich (...) ein ganz kleines Kind von vielleicht vier Monaten, das völlig eingewickelt war; es war wach, aber ganz ruhig. Da wollte ich ein kleines Spiel machen. Ich sagte den Kindern: ‚Na, Ihr werdet Eure Beine nicht so stillhalten können wie dieses kleine Baby!' Und ich glaubte, daß alle mir mit Lachen antworten würden. Das war es, was ich erwartete, da ich eben einen Scherz machen wollte, weil natürlich eine eingewickelte Person leichter stillhalten kann als eine bewegungsfreie.

Doch ich bemerkte zweierlei: daß die Kinder nicht nur versuchten, sich so ruhig wie möglich zu verhalten. Sie machten in der Tat etwas, was Sie (Montessori spricht ihre Zuhörer an, d. Verf.) nicht tun würden, aber natürlich haben Sie nicht dieses Baby gesehen: die kleinen Kinder setzten ihre Beine mit den Füßen ganz zusammen. Da hat mich dies natürlich verwundert; und überdies zeigten sie alle sehr ernste, sehr interessierte Gesichter. Jetzt suchte ich noch einen Scherz zu machen und sagte: ‚Ja, aber ich möchte etwas anderes sagen, das ihr sicherlich nicht machen könnt; hört ihr den Atem dieses kleinen Kindes? Man hört ihn wirklich nicht! Ihr würdet nicht auf so leise Art atmen können!' Nun würden die Kinder, glaubte ich, spätestens gelächelt haben. Aber im Gegenteil, die Gesichter der größeren waren ganz ernst, und sie machten alle eine Anstrengung, ihren Atem zurückzuhalten.

Sehen Sie, und da trat die Stille ein.

Und diese Stille war eine Offenbarung. Ich hätte doch nicht gedacht, daß diese kleinen Kinder diese geheimnisvolle einfache Sache, welche die Stille ist, derart lieben würden. Jetzt begann ich zu verstehen, daß darin etwas verborgen lag. Das war hier etwas anderes, es war nicht die Tatsache, daß ich das kleine Baby in meinen Armen hatte, sondern es war hier *ein Phänomen* eingetreten. Da begann ich zu fragen, ob sie die Stille an diesem Tage liebten, und sie sagten alle: ‚Ja!' Und dann sagte ich: ‚Wollen wir sie halten?' Und sie wünschten es sich sehr." (Spannungsfeld Kind-Gesellschaft-Welt, S. 70 f.)

Im Nachsinnen über diese Erfahrung entfaltet Montessori ihre Gedanken zu der Lektion des Schweigens.

Nüchtern stellt sie fest, was auch wir nur bestätigen können:

„Es fehlt die Stille im menschlichen Lebens. Die Stille fehlt, obwohl alle geistig auf höherer Ebene befindlichen Menschen, alle, die irgend etwas Großes tun, das Bedürfnis der Stille empfunden haben." (a. a. O., S. 75)

Gleichzeitig konstatiert sie unsere Hilflosigkeit im Umgang mit diesem Phänomen: „Aber wenn ein Augenblick des Schweigens entsteht, daß alle verstummen, dann sucht man ängstlich auf jede Weise dieses Schweigen zu unterbrechen." (a.a.O., S. 69 f.)

Dieses Schweigen ist ja wahrlich keine Leere, sondern möglicherweise durchaus von Sinn erfüllt: „Da, die Engel gehen vorüber"(a.a.O., S. 69), ist eine bezeichnende Redewendung zur Beschreibung kurzzeitigen Schweigens. Es ereignet sich etwas Geheimnisvolles, eine Bereicherung wird spürbar.

Aber Kinder und Stille, Kinder und Schweigen?

Lieben Kinder wirklich die Stille, müssen sie sich nicht vielmehr „ausleben" oder „austoben"?

Spontane Kinderspiele bieten uns oft Aufschluß über zentrale kindliche Bedürfnisse. Da sitzen einander zwei gegenüber, sind völlig stumm, fast regungslos. Sie blicken sich an – und gewonnen hat, wer es am längsten aushält, ohne zu blinzeln.

Mitten in der Großstadt auf einer Baustelle: nichts als Baulärm ringsum. Die beiden Kleinen jedoch schaufeln Sand und schaufeln und kippen aus und schaufeln wieder – ganz still, ganz ohne Worte: Diese gelassene Stille bei dieser Umgebung, sie kann nur von innen kommen und einem Bedürnis entsprechen.

Kinder lieben die Stille, sie suchen das Schweigen und brauchen es, denn „alle, die irgend etwas Großes tun", (s.o.) bedürfen der Stille und des Schweigens. Und gibt es etwas Größeres als das, was Kindern zu tun aufgegeben ist: eine menschliche Persönlichkeit, eine Individualität aufzubauen?

Um ihnen aber diesen existenz-notwendigen Zugang zur Stille zu ermöglichen, sollten einige Bedingungen erfüllt sein:

Kindliche Stille sollte bejahte Stille sein.

Wir alle kennen Erzieher, die – welch ein Widersinn – „Ruhe" brüllen und diese Ruhe mit Macht erzwingen. Diese Art von Stille bewirkt bei den Kindern in erster Linie Aggressivität; sie ist nicht bejaht, sondern erzwungen. Es ist **negative Stille.**

„Dabei läßt sich Stille positiv als ein der normalen Ordnung ‚übergeordneter' Zustand verstehen, als eine plötzliche Behinderung, die Mühe kostet, eine Anspannung des Willens, durch die man sozusagen durch die Isolierung des Geistes von den äußeren Stimmen von den Geräuschen des gewöhnlichen Lebens Abstand gewinnt." (Entdeckung des Kindes, S. 154)

Damit dies gelingen kann, damit **positive Stille** und aus ihr das Schweigen entstehen kann, muß Freiheit gegeben, eine Entscheidung für die Stille getroffen worden sein, und zwar nicht zuerst vom Lehrer, von Vater oder Mutter oder Erzieher, sondern vom Kind.

Dennoch kann man nicht davon ausgehen, daß diese Stille sich zwangsläufig und wie von selbst einstellt. Still zu sein ist in der Tat eine Bemühung, die Geist und Körper des Kindes eine Anstrengung des Willens abverlangt. „Die Kleinen sind von dieser Stille fasziniert, als hätten sie einen wirklichen Sieg errungen." (a. a. O., S. 155) Um diesen Sieg zu erreichen, bedarf es der vorherigen Übung.

„Wenn wir das Schweigen wollen, müssen wir es *lehren.*" (Spannungsfeld Kind-Gesellschaft-Welt, S. 68)

Kinder brauchen „Lektionen des Schweigens".

Für Montessori entfaltet sich eine solche „Übung der Stille" oder „Schweigelektion" in fünf Schritten:

1. Eine Übereinstimmung aller Beteiligten herbeiführen

Von der Stille sagt Montessori generell, daß sie eine „Gegebenheit" sei, die entweder die Einsamkeit verlangt oder aus einer Übereinkunft aller Beteiligten entstehen muß. Befehlen kann man sie nie. „Da begann ich zu fragen, ob sie die Stille an diesem Tage liebten, und sie sagten alle ‚Ja!'" (Spannungsfeld Kind-Gesellschaft-Welt, S. 71).

„Um absolute Stille zu erreichen, müssen alle einverstanden sein: Wenn einer es nicht ist, ist die Stille gebrochen; daher muß das Bewußtsein vorhanden sein, gemeinsam zu handeln, um ein Ergebnis zu erreichen. Hier beginnt ein bewußter sozialer Konsens." (Maria Montessori, Das kreative Kind, S. 235)

Dies ist in der Praxis des Kinderhauses kaum ein Problem.

Sollte nicht die ganze Gruppe zustimmen können, wird die Übung der Stille als (ggf. gruppenübergreifendes) Angebot mit Worten angekündigt oder durch ein Symbol signalisiert.

In der Montessori-Schulklasse eignet sich die Freiarbeit. Wer sich auf die Lektion des Schweigens nicht einstellen kann, sucht sich seinen Arbeitsplatz außerhalb des Raumes.

2. Eine „vorbereitete Umgebung" für Stille schaffen

Unter einer **„vorbereiteten Umgebung"** im Sinne Montessoris versteht man eine klar gegliederte und nach bestimmten Ordnungsprinzipien gestaltete didaktische **Anregungsumwelt, die das Kind zur freien Selbsttätigkeit auffordert.** Die Vielgestaltigkeit dieser Umwelt bietet all das, wonach der kindliche Geist in seinen verschiedenen Entwicklungsphasen verlangt. Der Montessori-Pädagoge ist Garant für die Stabilität und Qualität der vorbereiteten Umgebung, gleichzeitig selbst Teil davon, weil auch er sich für das Kind bereithält gemäß seinem Verständnis als Diener an der Entwicklung des kindlichen Geistes.

Wie aber soll eine „vorbereitete Umgebung" für die Lektion des Schweigens aussehen?

„Alle Kinder müssen alles Material nehmen und fortlegen, so daß sie nichts mehr auf ihrem Tisch haben. Das ist eine notwendige Vorbereitung, weil die ganze Klasse diesen *Willen zum Schweigen* haben muß, und eben dies fordert immer die *Übereinstimmung,* damit es geschehen kann. Man muß sich vorbereiten. *Jede feierliche Sache muß vorbereitet werden!* Es ist der Mühe wert, dieser Empfindung wegen einige Anstrengungen auf sich zu nehmen, wie etwa, alles in Ordnung zu bringen; und diesmal besteht diese Anstrengung darin, *alles „leer" zu machen:* das ist das erste. Das zweite bezieht sich auf die Person selbst. Man muß *einen so bequemen Platz einnehmen,* daß man sich sozusagen ganz wohl fühlt; ja, wie ich mich jetzt so fühle, daß ich es vermag, mich nicht zu bewegen. Eine bequeme Stellung." (Spannungsfeld Kind-Gesellschaft-Welt, S. 72)

Die „vorbereitete Umgebung" für die Lektion des Schweigens besteht also gerade darin, alle sonst notwendigen Anregungselemente (Materialien) aus dem unmittelbaren Blickfeld zu enfernen. Das bestimmende Ordnungsprinzip ist die **Leere**, die schließlich durch das gemeinsam bejahte Schweigen gefüllt werden soll.

Hier wird eine Bedingung für das Schweigen gefordert und geschaffen, die kulturunabhängig weltweit und zu allen Zeiten Voraussetzung meditativer Haltung ist.

Dies gilt auch für die zweite Voraussetzung, die **angemessene Körperhaltung**. Sie sollte keinesfalls ermüden, anstrengend, verkrampft und aufgezwungen sein. Aber was heißt „bequem"?

Auch dazu muß in der Gruppe eine Übereinstimmung

herbeigeführt werden. Der Montessori-Erzieher wird mit den Kindern unterschiedliche Sitzweisen erproben, so daß jedes Kind die ihm gemäße Position finden kann.

3. Bewegungen bewußt zu Nichtbewegungen werden lassen

„Nun, um die Stille zu haben, darf man sich einfach *nicht bewegen. Und um sich nicht zu bewgen, muß man an alles denken, was sich bewegen könnte.* Man muß also die Beine und die Füße ganz still halten, auch die Hände und den ganzen Körper,..." (Spannungsfeld Kind-Gesellschaft-Welt, S. 71).

Behutsam und mit wenigen Worten, gleichsam aus dem Inneren des Kindes wie auch dem eigenen formuliert, leitet der Montessori-Pädagoge das Bewußtsein und den Willen des Kindes auf alles, was sich bewegen kann. Alles soll still werden. Und so sitzt dann das Kind „mit stillen Füßen, stillem Rumpf, stillen Armen und bewegungslosem Kopf. Auch die Atembewegungen sollen geräuschlos ausgeführt werden." (M. Montessori, Mein Handbuch, Stuttgart, 2. Aufl. 1928, S. 38)

Wiederum erweist sich, daß Montessori meditatives Grundwissen fruchtbar werden läßt. Ob in der monastischen Tradition des christlichen Abendlandes, ob in östlich religiöser Kultur – Bedingung des meditativen Schweigens ist die angemessene Körperhaltung, getragen von dem **Zur-Ruhe-Kommen all dessen, was unruhig, gar ruhelos war.**

Montessori weist verschiedentlich darauf hin, daß vor allen Dingen bei diesen ersten drei Schritten dem Pädagogen besondere Bedeutung zukommt: Er muß **vorleben und mitleben,** ja demonstrieren, was den Kindern möglich werden soll.

„Da beschränkt sich die Lehrerin nicht darauf zu sagen:

‚sitz still', sondern sie macht es selbst vor und zeigt ihnen, wie man völlig still sitzt." (a.a.O., S. 38)

„Ich lenke die Aufmerksamkeit der Kinder auf mich – und schweige.

Ich nehme verschiedene Positionen ein – stehe, sitze – unbeweglich, schweigsam. Ein sich bewegender Finger könnte ein, wenn auch nicht wahrnehmbares – Geräusch verursachen; ich könnte hörbar atmen... Während solcher Handlungen und meiner kurzen, von Unbeweglichkeit unterbrochenen anregenden Worte hören und schauen die Kinder entzückt zu..." (Entdeckung des Kindes, S. 155)

Um diese Übung durchführen zu können, muß der Lehrer, die Erzieherin selbst ruhig und entspannt sein.

Nur dann wird das, was vermittelt werden soll, durch ihn oder sie selbst spürbar.

4. Schweigend die Stille in sich und um sich wahrnehmen

„Es scheint, daß das Leben allmählich entschwindet, daß sich der Saal nach und nach leert, als befände sich keiner mehr darin. Dann beginnt man das *Ticken* der Wanduhr zu vernehmen, und mit der langsam absolut werdenden Stille scheint dieses *Ticken an Intensität zu gewinnen.* Von draußen, vom Hof her, der still erschien, kommen nun verschiedene Geräusche – ein zwitschernder Vogel, ein vorbeigehendes Kind." (Entdeckung des Kindes, S. 155)

Eine Veränderung wird spürbar:

„Sie scheinen sich einer Art Zauber hinzugeben; man möchte sagen, sie seien in Sinnen versunken. Nach und nach, wenn jedes Kind unter eigener Kontrolle immer stiller wird, vertieft sich das Schweigen." (Mein Handbuch, S. 39)

Auch dieser Vorgang ist dem mit Meditation Vertrauten bekannt. Es ereignet sich eine neue und **intensive Wahr-**

nehmung von Wirklichkeit, die so und sonst nicht spürbar ist. Diese Wirklichkeit hat zwei Dimensionen: eine innere – was durch die innere Unruhe verschüttet ist, erhält Raum und kann bewußt wahrgenommen und möglicherweise auch angenommen werden – und eine äußere – die umgebende Welt wird intensiver wahrgenommen und kann auf neue Weise erlebt und möglicherweise gestaltet werden.

Es ist selbstverständlich, daß ein solch komplexer Vorgang Zeit braucht.

Wann er zu beenden ist, hängt von der Sensibilität des Erziehers ab. Er muß Ermüdungserscheinungen frühzeitig erkennen. Denn nicht nur der Weg zum Schweigen, auch das Schweigen selbst ist eine besonders für Kinder große und bedeutsame Anstrengung physischer und psychischer Art.

5. Die Lektion des Schweigens eindeutig beenden

Montessori geht es um die Erfahrung der Stille.

Niemals schließt sie an eine solche Übung des Schweigens weitere oder weiterführende Übungen oder Techniken an.

Wenn die Lektion des Schweigens beendet ist – dann ist sie auch beendet.

Dies aber geschieht immer in klarer und eindeutiger Weise.

„‚Hört nun eine leise Stimme, die euch beim Namen ruft.' Dann rief ich aus einem Nebenzimmer hinter den Kindern durch die weit geöffnete Tür mit flüsternder, doch die Silben langziehender Stimme, so wie man nach jemandem in den Bergen rufen würde, und diese kaum bemerkbare Stimme schien das Herz der Kinder zu erreichen und ihren Geist anzusprechen." (Entdeckung des Kindes, S. 155 f.)

Diese Form der Beendigung hat von ihrer Faszination bis heute nichts verloren. Den eigenen Namen bewußt wahrnehmen, **sich in seiner Einmaligkeit wahrnehmen dürfen:** Das tut (kleinen) Kindern einfach gut. Bei älteren Kindern werden andere Zeichen vereinbart, z.B. das Anschlagen einer Fingerzymbel.

Ist dies alles aber nur eine Technik, um die nervösen Kinder endlich „zur Ruhe zu kriegen", ein geschickt ausgewähltes Mittel zum bis dahin nur getarnten pädagogischen Zweck?

Montessori-Pädagogik geht es um anderes, geht es um mehr.

„Die Stille der Unbeweglichkeit bedeutet jedoch eine Unterbrechung des normalen Lebens, der nützlichen Arbeit; sie erfüllt keinerlei ‚praktischen Zweck'. Ihre ganze Bedeutung, ihr Zauber rühren daher, daß der einzelne durch Unterbrechung des gewöhnlichen Lebens auf ein höheres Niveau gehoben wird, wo ihn nicht die Zweckmäßigkeit, sondern die Eroberung als solche anspricht." (Entdeckung des Kindes, S. 195)

Die Montessori-Schülerin und Vertraute H. Lubienska de Lenval entfaltet aus ihrer Erfahrungswelt als Montessori-Lehrerin sehr alltagsnah die Tiefendimension dieses Ansatzes.

In ihrem Buch „Die Stille im Schatten des Wortes" (Mainz 1961) geht sie aus von der unmittelbaren und alltäglichen Erfahrungswelt der Kinder. Sie meditiert „Die Stille im Hause" (a.a.O., S. 11 ff.), blickt dann auf „Die Stille in uns selbst" (a.a.O., S. 33 ff.), um schließlich „Die Stille vor Gott" zu bedenken. All dies immer im Blick auf die Kinder, all dies aus der Erfahrung mit ihnen.

Ebendies ist der Weg, den Montessori-Pädagogik mit

ihrer Kultur der Stille und des Schweigens gehen will und gehen kann: Ganz klar und bewußt wird die Umgebung in ihrer Unruhe, aber auch in der in ihr verborgenen Stille und Ruhe wahrgenommen und aufgenommen. Die Dinge können zur Stille führen. (vgl. dazu Kap. 8).

Gleichzeitig und eigens wird die meistens unverschuldete Unruhe im Inneren des Kindes zur Ruhe geführt: Aktives Schweigen erwächst aus bejahter Stille.

Schließlich verweist diese gesamte Erfahrung über sich selbst hinaus auf das letzte Geheimnis menschlicher Existenz, auf Gott.

„Es besteht eine Beziehung zwischen dem Schweigen und dem Glauben. Die Sphäre des Glaubens und die Sphäre des Schweigens gehören zueinander. Das Schweigen ist die natürliche Basis, auf der die Übernatur des Glaubens sich vollzieht. (...) In diesem Schweigen nähert sich der Mensch jenem Schweigen, das Gott um sich hat. Im Schweigen zuerst begegnen sich der Mensch und das Mysterium. (...) Es ist ein Zeichen der Liebe Gottes, daß ein Mysterium immer eine Schicht des Schweigens vor sich ausbreitet, der Mensch wird dadurch gemahnt, selbst eine Schicht des Schweigens bereitzuhalten, um sich dem Mysterium zu nähern. Heute, wo im Menschen und um den Menschen herum nur Lärm ist, ist der Zugang zum Mysterium schwer..." (M. Picard, Die Welt des Schweigens, München 1988, S. 238)

Erziehung zum Schweigen öffnet dem Kind die Dimension des Mysteriums und bietet ihm Zugang zum letzten Geheimnis unserer Existenz, zu Gott.

Dieses Geheimnis, das Mysterium menschlicher Existenz ist, wie wir bereits sagten, nirgendwo besser erkennbar als im Kind.

„Dieses Geheimnis, das Kinder haben, ist nichts so sehr Mysteriöses. Es ist das Prinzip ihres eigenen Werdens...

Im Inneren des Menschen befindet sich eine verborgene Natur und eine verborgene Kraft. Das Königreich der Kindheit ist das Königreich des Himmels." (Spannungsfeld Kind-Gesellschaft-Welt, S. 39)

Wenn die Kommunikation zwischen Mensch und Gott in der Dimension des Geheimnisses sich zuerst und wesentlich im Schweigen als der gemäßen Form ereignet, so bereitet Montessori-Pädagogik direkt und indirekt auf diese Dimension vor. Das gelingt nicht aus sich selbst. Montessori verlangt mehr von uns: „Es sind zwei Dinge zu tun. Erstens eine Kenntnis von Gott und allen Dingen der Religion zu geben. Zweitens die verborgenen Kräfte des Kindes zu erkennen, zu bewundern und ihnen zu dienen und demütig zur Seite zu treten, mit der Intention der Mitarbeit (am Schöpfungswerk Gottes, d. Verf.), so daß die Personalität des Kindes mit seiner inneren Gegenart immer vor uns steht." (Spannungsfeld Kind-Gesellschaft-Welt, S. 124)

Zu den verborgenen Kräften des Kindes gehört die Fähigkeit, sich im Schweigen Gott zu nähern.

Ebendies macht Montessori-Pädagogik mit der ihr innewohnenden und ausdrücklich angestrebten Kultur der Stille und des Schweigens möglich.

Mag sein, daß der Erwachsene dabei ein weiteres Mal vom Kind reich beschenkt wird:

„Das Geheimnis der Erziehung ist, das Göttliche im Menschen zu erkennen und zu beobachten; d. h., das Göttliche im Menschen zu kennen, zu lieben und ihm zu dienen,..." (a.a.O., S. 124)

Für Montessori ist es keine Frage, daß ein wesentlicher Dienst des Erwachsenen darin besteht, dem Kind die Welt des Schweigens offenzuhalten oder zu öffnen.

Als Kind oder Erwachsener aus der im Schweigen erfahrbaren Nähe Gottes nun auch glaubend leben wollen – dies zwingt Montessori-Pädagogik nicht auf, aber sie macht es möglich.

Die stille Ecke

In vielen Montessori-Einrichtungen gibt es eine „stille Ecke". Sie ist räumlich ein wenig abgetrennt. Manchmal findet sich dort ein kleiner Teppich am Boden, ein Meditationsschemel, eine Kerze. Manchmal auch ein religiöses Symbol.

Wer dort ist, will die Stille. Wer dort ist, darf sie halten.

Ich bin als Gast in der Montessori-Schule. Freiarbeit. Ich beobachte ein Mädchen, vielleicht acht Jahre alt. Sie kommt nicht zur Ruhe. Der Klassenlehrer spricht sie an. Sie schüttelt den Kopf. Sie geht am Fenster entlang, schaut nach draußen, geht zum Regal, spricht aber niemanden an. Schließlich geht sie in die stille Ecke. Zündet dort die Kerze an. Bläst das Streichholz aus und legt es in ein Schälchen. Kniet sich, besser hockt sich auf das Meditationsbänkchen. Ihr Oberkörper bewegt sich vor und zurück. Langsam kommt sie zur Ruhe.

Ich schaue auf die Uhr. Etwa zehn Minuten verharrt sie in Stille. Sie hält die Hand hinter die Kerze und pustet sie behutsam aus. Dann steht sie auf. Ihr Blick findet den Lehrer. Der ist gerade beschäftigt. Sie wartet.

Er hört aufmerksam zu, als sie ihm etwas ins Ohr flüstert. Beide lächeln. Dann beginnt sie eine Arbeit.

„Darf ich wissen, was sie Ihnen gesagt hat?"

Er überlegt kurz.

Dann sagt er: „‚Ich habe es Gott gesagt', hat sie geflüstert."

Kapitel 8

Ganz bei der Sache, ganz bei sich – offen für Gott: das Montessori-Phänomen

Kontemplation im Sandkasten

Hier sitze ich. Zwanzig Klausuren vor mir. Ich muß mich konzentrieren. Und das will ich auch. Der Termin drängt.

Da sitzt Konstantin. Mitten im Sandkasten. Einen Eimer vor sich, drei Förmchen und eine Schaufel.

Er braucht sich nicht zu konzentrieren. Er ist doch erst zwei. Nichts drängt ihn.

Ich beginne zu arbeiten. Rote Tinte, ich mag sie nicht. Randbemerkungen, ich würde gerne darauf verzichten.

Er beginnt zu arbeiten. Sand rinnt von einer Hand in die andere und wieder zurück. Feiner Sand. Er mag ihn. Er möchte nicht gerne darauf verzichten.

Ich schaue auf die Uhr. Erst drei Arbeiten und schon fast eine Stunde um. Ich stehe auf, hole Tee.

Er schaut nur auf den Sand. Ein Häufchen hier, ein Kuchen da. Nichts um ihn herum ist jetzt bedeutsam. Nur der Sand und er. Er hat keine Uhr. Er bleibt sitzen.

Wenn einer mein Gesicht sehen könnte. Ärgerfalten. Lustlos.

Wenn einer sein Gesicht sehen würde. Entspannt. Gelassen. Zufrieden. Und konzentriert. Ja, wie hingegeben an das harmlose Sandkastenspiel.

Mein Tee schmeckt fade. Die Zeit, die Klausuren, der Druck.

Ob er etwas trinken möchte?

Ich wage nicht, ihn zu stören. Er wird sich schon melden, wenn er seine Arbeit beendet hat.

Ob er tauschen würde?

Oder ich?

Wie bitte? Kann man das denn Arbeit nennen? Das ist doch ein Sandkastenspiel. Oder? Wir Erwachsene sollten uns verabschieden von der Vorstellung, daß die Bezeichnung „Arbeit" nur unserer Erwachsenen-Arbeit gemäß, Spiel dagegen Freizeitangelegenheit, weniger wert, kindlich, gar kindisch sei. Für das Kind ist sein Spiel der Ernstfall. Weit enfernt von ausschließlich zweckgerichteter oft fremdbestimmter oder gar entfremdender Erwerbsarbeit des Erwachsenen, baut das Kind im Spiel seine Persönlichkeit auf. Aus diesem Grund wird in der Montessori-Pädagogik der Begriff der Arbeit auch für die kindliche Tätigkeit verwendet (z. B. Freiarbeit).

Die Kindheit sollte nicht mit Erwachsenenmaßstäben bewertet, sollte nicht einem bestimmten Zweck untergeordnet werden. Wer dies tut, wer sich und seine bisweilen ehrgeizigen Ziele zum Maßstab für den Alltag von Kindern macht, zerstört die Grundbedingungen einer ausgeglichenen Persönlichkeitsentwicklung und Charakterbildung des Kindes. Möglicherweise wird dem Kind so die Chance genommen, einen Lebenssinn – auch in Gott – zu finden.

Dies sei mit Nachdruck gegen die eitle Instrumentalisierung der Kindheit durch ehrgeizige Eltern gesagt.

Andererseits brauchen Eltern und darüber hinaus Erzieher und Lehrer Anhaltspunkte dafür, wie sie den ihnen anvertrauten Kindern gleichermaßen Ichstärke und soziale Kompetenz vermitteln können. Gibt es einen Weg der Erziehung, den Kinder, Eltern, Erzieher und Lehrer bejahen, weil er zukunftsoffen ist, weil er Hoffnung stärkt und

Lebenssinn erspüren läßt, ja, weil er zur Liebe befähigt und Glauben ermöglicht?

Ehrlich gesagt: Ich weiß es nicht.

Mit dem Montessori-Phänomen der **„Polarisation der Aufmerksamkeit“** scheint allerdings ein Zugang gefunden.

Mich hat er überzeugt.

Um was geht es?

„Ich halte es jedoch für notwendig, das *grundlegende Faktum* hervorzuheben, das mich zur Festlegung dieser Methode führte.

Als ich meine ersten Versuche unter Anwendung der Prinzipien und eines Teils des Materials, die mir vor vielen Jahren bei der Erziehung schwachsinniger Kinder geholfen hatten, mit kleinen Kindern in S. Lorenzo durchführte, beobachtete ich ein etwa dreijähriges Mädchen, das tief versunken war in der Beschäftigung mit einem Einsatzzylinderblock, aus dem es die kleinen Holzzylinder herauszog und wieder an ihre Stelle steckte. Der Ausdruck des Mädchens zeugte von so intensiver Aufmerksamkeit, daß er für mich eine außerordentliche Offenbarung war. Die Kinder hatten bisher noch nicht eine solche auf einen Gegenstand fixierte Aufmerksamkeit gezeigt. Und da ich von der charakteristischen Unstetigkeit der Aufmerksamkeit des kleinen Kindes überzeugt war, die rastlos von einem Ding zum andern wandert, wurde ich noch empfindlicher für dieses Phänomen.

Zu Anfang beobachtete ich die Kleine, ohne sie zu stören, und begann zu zählen, wie oft sie die Übung wiederholte, aber dann, als ich sah, daß sie sehr lange damit fortfuhr, nahm ich das Stühlchen, auf dem sie saß, und stellte Stühlchen und Mädchen auf den Tisch; die Kleine sammelte schnell ihr Steckspiel auf, stellte den Holzblock auf die Armlehnen des kleinen Sessels, legte sich die

Zylinder in den Schoß und fuhr dann mit ihrer Arbeit fort. Da forderte ich alle Kinder auf zu singen: Sie sangen, aber das Mädchen fuhr unbeirrt fort, seine Übung zu wiederholen, auch nachdem das kurze Lied beendet war. Ich hatte 44 Übungen gezählt; und als sie endlich aufhörte, tat es dies unabhängig von den Anreizen der Umgebung, die es hätten stören können; und das Mädchen schaute zufrieden um sich, als erwache es aus einem erholsamen Schlaf.

Mein unvergeßlicher Eindruck glich, glaube ich, dem, den man bei einer Entdeckung verspürt.

Dieses Phänomen wurde allgemein bei den Kindern. Es konnte also eine beständige Reaktion festgestellt werden, die im Zusammenhang mit gewissen äußeren Bedingungen auftritt, die bestimmt werden können. Und jedesmal wenn eine solche Polarisation der Aufmerksamkeit stattfand, begann sich das Kind vollständig zu verändern. Es wurde ruhiger, fast intelligenter und mitteilsamer. Es offenbarte außergewöhnliche innere Qualitäten, die an die höchsten Bewußtseinsphänome erinnern, wie die der Bekehrung. (...)

Auf diese Weise offenbarte sich die Seele des Kindes, und davon geleitet entstand eine neue Methode, in der die geistige Freiheit des Kindes deutlich wurde." (Schule des Kindes, S. 69 ff.)

Was Montessori hier und wiederholt beschreibt, ist letztlich der Quellpunkt religiöser Erziehung im Sinne der Montessori-Pädagogik.

Es geht eigentlich um etwas uns sehr Vertrautes: Menschen haben das Bedürfnis, mit sich und der Welt im Einklang zu sein. Dazu suchen wir Erwachsenen, hin- und hergeworfen durch die Betriebsamkeit des Alltags, Wege, uns selbst und unsere Mitte zu finden: unser Zentrum. Wir suchen und gehen den Weg der Kon-Zentration, besonders, wenn wir vor wichtigen Entscheidungen stehen.

„Es gibt tiefere Bedürfnisse, bei denen der einzelne allein mit sich selbst sein muß, getrennt von allem und allen, hingegeben einer geheimnisvollen Arbeit. Niemand kann uns helfen, jene innere Abgeschlossenheit zu erreichen, die uns unsere tiefste und ebenso geheimnisvolle wie reiche und volle Welt zugänglich macht. Wenn ein anderer sich einmischt, so unterbricht er und zerstört dadurch. Diese Sammlung, die man durch Loslösung von der äußeren Welt gewinnt, muß von der Seele selbst ausgehen, und die Umgebung kann nur durch Ruhe und Ordnung einen günstigen Einfluß ausüben." (Grundgedanken, S. 21)

Deutlich wird: Konzentration (Polarisation) entsteht primär aus einem inneren Bedürfnis heraus.

Was dabei um uns herum ist, ist aber keineswegs belanglos. Die Bedingungen müssen so gestaltet sein, daß Konzentration auch möglich ist. Das heißt: **Nur Ruhe führt zur Ruhe, nur äußere Ordnung führt zur inneren**. Konzentration (Polarisation) hat also nichts zu tun mit esoterischer Entrückung. Ganz im Gegenteil: In einer dynamischen Beziehung von der Innenwelt des Kindes zu seiner umgebenden Außenwelt ereignet sich eine **Übereinstimmung von Leib und Seele, die dem Kind zutiefst wohltut.**

Eigentlich, so meint Montessori, müsse dieser Zustand ja alltäglich, normal sein. In unserer vor uns selbst zu verantwortenden Entfremdung, verursacht durch gedankenlosen Umgang mit unserer Außenwelt, haben wir uns jedoch soweit davon entfernt, daß wir schon gar nicht mehr um diese Normalität wissen, ihr oft verkrampft nachzujagen versuchen.

Die Wiedergewinnung einer Übereinstimmung mit sich und der Welt suchen viele Menschen auf unterschiedlichsten Wegen zu gewinnen: durch esoterische Selbsterlösungsrituale, meditative Übungen östlicher Herkunft, schlimmstenfalls durch Medikamente und Drogen. Und dies gilt (leider) auch für Kinder.

Dabei ist der Zugang zu dieser Normalität eigentlich recht leicht zu finden. Wer einem Säugling zuschaut, der von seiner Mutter gestillt wird, wer ein Baby betrachtet, das unermüdlich dieselbe Bewegung ausführt, wer einem kleinen Jungen im Sandkasten zusieht, der nahezu eine Stunde lang Sand hin- und herrinnen läßt, der wird seine Vorurteile über Kinder, die sich notwendig „ausleben" müssen, bald aufgeben und sich ernsthaft fragen, ob es nicht die von uns geschaffenen Bedingungen sind, die Kinder nicht mehr kon-zentriert und damit sinnvoll leben lassen.

Es gilt also, nach den **Bedingungen** zu fragen, die diese heilsame Konzentration (Polarisation) ermöglichen.

„Die Freiheit ist die Basis von allem", formuliert Montessori (in: Montessori-Werkbrief 3/4, 1989, S. 121–124), und dies meint das Zulassen spontaner Aktivität des Kindes in der Form der Entscheidung zu einer Tätigkeit.

Diese „Freiheit zu..." bezieht sich auf die Dauer der Arbeit, deren Ort, die gewählte Sozialform (alleine, zu zweit oder in einer Gruppe). Dabei ist das Kind nach Montessoris Auffassung ausschließlich an die Grenzen der ihm alters- und entwicklungsgemäß möglichen **Verantwortung** gebunden. Dieses Verantwortung erstreckt sich auf das Kind selbst, auf seine Mitmenschen, auf alle sonstigen Mitgeschöpfe und auch auf die Welt der Dinge. Es ist gleichsam eine **Freiheit zu schöpfungsgemäßem Verhalten.**

Angesichts eines solchen Anspruchs und eingedenk der äußeren Bedingungen versteht sich, daß Freiheit „aufgebaut werden muß". (Montessori-Werkbrief, a.a.O.)

„Um diese Entfaltung zu begünstigen, muß das in seiner Tätigkeit *frei* gelassene Kind in seiner Umgebung etwas vorfinden, das *organisiert* wurde in direktem Verhältnis zu seiner sich nach Naturgesetzen abwickelnden inneren Organisation." (Schule des Kindes, S. 72)

Montessori meint damit das **Zusammenspiel von „vorbereiteter Umgebung" und sensiblen Phasen** der Entwicklung (vgl. Kap. 9).

Wenn wir erreichen wollen, daß das Kind die Polarisation der Aufmerksamkeit selbst erlebt, wenn wir dies nicht dem Zufall überlassen, sondern in erzieherischer Verantwortung bewußt anstreben wollen, müssen wir eine demgemäße Umwelt schaffen. Dazu entwickelt Montessori klare, wissenschaftliche Kriterien. Montessori-Einrichtungen bieten eine entsprechend vorbereitete Umgebung an.

Besondere Verantwortung kommt dabei dem **Erzieher** zu. Denn er ist Sachwalter dieser Umgebung, bietet diesen „Schlüssel zur Welt" dem Kind unaufdringlich und in Demut an. Durch anteilnehmendes Beobachten erkennt er die Sensibilitäten des Kindes und kann damit zum **„Diener des Lebens"** werden, auch und vielleicht besonders in religiöser Hinsicht (vgl. Kap. 5).

Aus dieser wechselseitigen Beziehung von Kind, Umwelt und Erzieher ergibt sich schließlich der Weg der Polarisation der Aufmerksamkeit, der dem Kind den Zugang zu Identität, Selbstkonzept, schließlich zum **Sinn seines Lebens als auf Gott verwiesenes Wesen** eröffnet.

Noch einmal: Nicht meditative Weltentrückung, sondern freie Wahl der Arbeit führt zu Konzentration, innerer Disziplin, hoher sozialer Sensibilität, zu Friedfertigkeit und Humanität oder, wie Montessori es sagt, zur Normalität. Das ist heilsam!

Im Prozeß der Polarisation der Aufmerksamkeit wird

das Kind auf einen Weg geführt, den es in der Erwachsenenwelt gerade wieder neu zu entdecken gilt. Es ist der Weg des **Ineinander von Handeln und Verweilen, Tätigsein und Betrachtung, Aktion und Kontemplation.**

Das Nützliche einer Tätigkeit und das Gute sind im Vorgang der Polarisation so ineinander verwoben, daß sie das Kind In-dividuum, also unzerteilt, mit sich eins sein und werden lassen, es durchaus auch heilen können, wie der Alltag in Montessori-Einrichtungen immer wieder beweist.

Montessori-Pädagogik eröffnet dem Kind die Möglichkeit, über das Handeln zum Betrachten zu finden. Auf natürlichem Wege erwirbt es so eine „kontemplative Weise, die Dinge der Schöpfung zu sehen" (J. Pieper, Philosophie – Kontemplation – Weisheit, Einsiedeln 1991, S. 13). Dabei macht es in der vorbereiteten Umgebung die Grunderfahrung: „Alles, was ist, ist gut, liebenswert, gottgeliebt." (Pieper, a.a.O., S. 14) Denn: „Jedes Ding birgt und verbirgt auf seinem Grund ein göttliches Ursprungszeichen. Wer es zu Gesicht bekommt, sieht, daß dieses und alle Dinge über jegliches Begreifen hinaus gut sind." (Pieper, a.a.O., S. 18)

Manchmal wird das an ganz einfachen Begebenheiten deutlich.

Ich glaube, ich bin lieb

Eigentlich glänzt das Messingkännchen schon genug. Aber das nimmt sie gar nicht wahr. Sie holt das Tablett mit dem Putzzeug.

Und sie reibt ein, behutsam, sorgfältig, jedes noch so kleine Winkelchen.

Sie dreht das Kännchen in der Hand. Ja, das Putzmittel ist angetrocknet. Und jetzt poliert sie.

Der Kindergarten-Fotograf ist gekommen. Sie merkt es nicht. Niemand stört sie. Sie poliert.

Der Gruppenraum spiegelt sich im Messingkännchen. Und nicht nur der, auch ihr Gesicht. Entspannt und gesammelt, die Lippen leicht geöffnet, ein Hauch von Lächeln.

Jetzt stellt sie das Kännchen auf das Tablett. Fertig. Sie räumt auf. Kommt auf mich zu. Was will sie von mir? „Du, ich glaube, ich bin lieb", sagt sie.

Räumt weiter auf.

Welch ein Geschenk!

„Beglückend freilich, glücklich wird das Sehen erst durch die Liebe. (...) Nur das Anschauen dessen, was man liebt, macht glücklich. Und ebendies gehört zum Begriff der Kontemplation, daß sie ein an der liebenden, bejahenden Zuwendung entfachtes Anschauen sei." (Pieper, a.a.O., S. 11)

Polarisation der Aufmerksamkeit ist eine Einübung in den liebenden Umgang mit sich selbst und mit der Welt. Unausgesprochen wird das Kind zu einem Grundverständnis der Wirklichkeit geführt, das hinter der Normalität des Alltags die unendliche Liebe Gottes aufleuchten läßt.

Polarisation der Aufmerksamkeit als **„tätige Meditation"** (Montessori) ist ein zutiefst religiöses Phänomen, ein Vorgang religiöser Erziehung.

Kapitel 9

„Alles zu seiner Zeit...
Sensible Phasen als Zeitzeichen

Umzugsqualen

Konstantin kann nicht einschlafen. Erst ruft, dann schreit er. Es ist kein zorniges Schreien, eher Verzweiflung. Und das mitten in unserem Umzugsstreß.

Jetzt hat er doch endlich wieder sein Bett. Die Einschlafgeschichte ist schon erzählt. Gebetet haben wir auch. Rituale wie vor dem Umzug. Was stimmt nicht?

Noch einmal die Treppe hoch. Die kleine Lampe anmachen. Ans Kinderbett treten und überlegen. Endlich: Es kann eigentlich nur der Teddy sein. Er hält ihn nicht im Arm.

Geht auch nicht, denn Teddy liegt links unten am Fußende. Deshalb haben wir ihn irgendwie übersehen.

Seine Einschlaf-Welt ist nicht in Ordnung. Die Verzweiflung ist nur zu verständlich.

„Hier, dein Teddy." Ärmchen und Stofftier eng beieinander.

Im linken Ärmchen liegt der Teddy, nicht im rechten. Wie sonst auch immer. Seine Welt ist wieder in Ordnung. Er schläft ein.

Um was geht es hier eigentlich?

Es geht um mehr als nur die Einschlafstörungen eines Einjährigen nach dem Familienumzug. Ein tiefes inneres Bedürfnis nach einer klar geordneten, zuverlässigen Umgebung wird sichtbar. Ist das bei allen Kindern so? Ist diese Zeit für Ordnung nicht bald vorbei? Hat das alles überhaupt mit Erziehung, erst recht mit religiöser zu tun?

Ich gebe zu: Unsere beiden älteren Söhne scheinen mehr einer Chaostheorie zuzuneigen. Doch das stimmt nicht so ganz. Beide, der sechzehnjährige wie der achtzehnjährige, erkämpfen sich gerade eigene Ordnungsstrukturen. Natürlich in Abgrenzung von elterlichen Prinzipien. Niemand wird behaupten, daß ihnen Ordnung unbedeutend ist. Sie wollen, daß ihr Leben in Ordnung ist, erst recht, daß man sie „echt in Ordnung" findet. Wo liegen die Wurzeln dafür?

Montessori sagt: Die Sensibilität für Ordnung liegt in den ersten beiden Lebensjahren. Was dort grundgelegt wird, kann sich später anders und vertieft entfalten und gestalten.

Sensibilität? Was ist damit gemeint?

Montessori berichtet von den Forschungsergebnissen des holländischen Biologen de Vries folgendes: „De Vries verwies nun auf eine Raupenart, die sich während der ersten Lebenstage nicht von den großen Baumblättern, sondern nur von den zartesten Blättchen an den Enden der Zweige zu ernähren vermag.

Nun legt aber der Schmetterling seine Eier gerade an der entgegengesetzten Stelle, nämlich dort, wo der Ast aus dem Baum hervorwächst (...). Wer wird den jungen (...) Raupen sagen, daß die zarten Blätter, deren sie für ihre Ernährung bedürfen, sich draußen, an den entferntesten Enden der Zweige, befinden? Siehe da, die Raupe ist mit starker Lichtempfindlichkeit begabt; das Licht zieht sie an, fasziniert sie. So strebt die junge Raupe mit ihren charakteristischen Sprungbewegungen alsbald der stärksten Helligkeit zu, bis sie am Ende der Zweige angekommen ist, und dort findet sie die zarten Blätter, mit denen sie ihren Hunger stillen kann. Das Seltsamste aber ist, daß die Raupe, sogleich nach Abschluß dieser Periode, sobald sie sich auf andere Art ernähren kann, ihre Lichtempfindlichkeit verliert. (...) Es ist nicht so, daß die Raupe für das Licht unempfänglich, also im physiologischen Sinne blind geworden wäre; aber sie beachtet es nicht mehr." (M. Montessori, Kinder sind anders, S. 61 f.)

Montessori fragt sich nun, ob es auch im kindlichen Leben solche Zeiten gesteigerter Empfänglichkeit für den Erwerb lebensnotwendiger Verhaltens- und Leistungsformen gibt. Dazu stellt sie fest: „Es handelt sich um besondere Empfänglichkeiten, die in der Entwicklung, das heißt im Kindesalter der Lebewesen auftreten. Sie sind von vorübergehender Dauer und dienen nur dazu, dem Wesen die Erwerbung einer bestimmten Fähigkeit zu ermöglichen. Sobald dies geschehen ist, klingt die betreffende Empfänglichkeit wieder ab."(a.a.O., S. 61) Und sie ergänzt: „Das Kind macht seine Erwerbungen in seinen Empfänglichkeitsperioden. Diese sind einem Scheinwerfer vergleichbar, der einen bestimmten Bezirk des Inneren taghell erleuchtet, vielleicht auch einem Zustand elektrischer Aufladung. Auf Grund dieser Empfänglichkeit vermag das Kind einen außerordentlich intensiven Zusammenhang zwischen sich und der Außenwelt herzustellen, und von diesem Augenblick an wird ihm alles leicht, begeisternd, lebendig. Jede Anstrengung verwandelt sich in einen Machtzuwachs. Erst wenn während einer solchen Empfänglichkeitsperiode die entsprechende Fähigkeit erworben worden ist, senkt sich ein Schleier der Gleichgültigkeit und Müdigkeit über die Seele des Kindes."(a.a.O., S. 64)

Montessori gibt den von ihr beobachteten besonderen Empfänglichkeiten den Namen „sensible" oder auch „sensitive" Phasen bzw. Perioden. Das Vorhandensein solcher Perioden ist unbestritten. Woran können aber die Eltern,

Erzieher, Lehrer feststellen, daß eine solche sensible Periode beim Kind eingetreten ist?

Es gibt positive Anzeichen, vor allem die kindliche Freude, es gibt aber auch negative Anzeichen, nämlich kindlichen Zorn. „Das Vorhandensein einer Empfänglichkeitsperiode kann dann heftige Ausbrüche und eine Verzweiflung bewirken, die wir für grundlos halten und Launen nennen. Launen sind der Ausdruck einer seelischen Störung, eines unbefriedigten Bedürfnisses, das einen Spannungszustand hervorruft; sie stellen einen Versuch der Seele dar, das ihr Zukommende zu fordern und sich gegen einen ihr unerträglichen Zustand zur Wehr zu setzen."(a. a. O., S. 69)

Bleiben wir bei unserer Geschichte vom kleinen Konstantin: Der Teddy liegt links in der Armbeuge, wenn er einschläft, die Inhalte der Schubladen im Kinderzimmer sind nicht vertauscht, die Möbel werden nicht nach Elterngeschmack verstellt: In der **sensiblen Phase für Ordnung des ein- bis zweijährigen Kindes** muß es in solchen Sicherheiten leben können. Dabei macht es eine lebensbedeutende Grunderfahrung: Die Welt, und wenn es auch nur meine kleine Welt ist, ist in Ordnung, sie ist sinnvoll geordnet. Durch die leibhaftig gemachte Erfahrung entwickelt sich ein **Weltbild**. Es wird „inkarniert" (Montessori). Aus dem so gewonnenen Bewußtsein, daß die Welt eigentlich gut, sinnvoll, menschenfreundlich geordnet ist, bildet sich die Möglichkeit einer **Schöpfungszuversicht**, eines Schöpfungsoptimismus.

Im Alltag des kleinen Kindes wird so die Voraussetzung dafür geschaffen, Gott als sinngebendes Ordnungsprinzip der Welt anzunehmen.

Das hat weitreichende Konsequenzen für die Gestaltung des Lebens, natürlich auch des religiösen und Glaubenslebens.

Man stelle sich vor, Chaos und Unordnung bestimmten die Umgebung eines kleinen Kindes. Es wäre zutiefst in seiner Orientierung gestört, könnte nur mühsam einen Weltbezug aufbauen. Seinszuversicht und Lebenssinn: sie werden schon in der frühen Kindheit verletzt oder zerstört. Wie soll da Hoffnung wachsen, Liebe lebendig, Glaube ermöglicht werden?

Von entscheidender Bedeutung ist in diesem Zusammenhang auch, daß das Kind in die geordnete Beziehung von Vater und Mutter hineinwachsen kann; aber auch da sehen wir uns heute großen Problemen gegenüber.

Inzwischen dürfte deutlich geworden sein:

Die sensiblen Phasen zu erkennen und verantwortlich zu gestalten ist eine Aufgabe, der religiöse Bedeutung zukommt.

Weil dies so ist, sei ein Blick auf die wesentlichen Sensibilitäten des Kindes- und Jugendalters erlaubt, wie Montessori sie beschreibt.

Gemäß der psychophysischen Entwicklung des Kindes unterscheidet Montessori in **Phasen der Stabilität** und damit stärkeren Belastbarkeit und Aufnahmefähigkeit und **Phasen der Labilität.**

In den **ersten sechs Lebensjahren** hat das Kind unglaublich viel mit sich zu tun. Nicht nur, daß faszinierende Wachstumsprozesse ablaufen. Das Kind bildet in dieser Phase die Grundlagen seiner Persönlichkeit und Intelligenz. Es hat große und anstrengende Arbeit (lateinisch „labor") zu leisten, und dabei kann es leicht ins Schwanken kommen (lateinisch „labi") – es ist eine **„labile" Phase.**

Schauen wir auf **das Kind im Alter von 1–3 Jahren**.

Sein Geist saugt durch die weit geöffneten Sinne unterschiedslos alle Umwelterfahrungen auf, saugt sich voll wie ein trockener Schwamm. Montessori spricht von einem „absorbierenden Geist".

Mit größter Anstrengung erlebt das Kind in diesen ersten drei Jahren seine **Sensibilität für Bewegung.** Die suchende, tastende Hand: Das Kind beginnt, „handlungsfähig" zu werden; das Schaukeln des Körpers, Krabbeln, schließlich Aufrichten: Das Kind kommt ins Gleichgewicht; der erste Schritt, das Gehen und Laufen: Das Kind erschließt sich seine Freiräume, ist selbst-ständig.

Für die Montessori-Pädagogik gilt darum:

Die Kultur der Bewegung „in das Leben der Kinder durch Anknüpfung an das praktische Alltagsleben einzufügen, war einer der praktischen Hauptpunkte meiner Methode, welche die Ausbildung der Bewegungen vollständig in die eine und untrennbare Gesamterziehung der kindlichen Persönlichkeit eingefügt hat." (Entdeckung des Kindes, S. 91)

Dabei macht das Kind eine entscheidende Grunderfahrung, die weit über sich hinausweist: **Leben ist Bewegung**.

Wo Bewegung aufhört, hört Leben auf. Bewegung aber muß, wie es auch im Ursprung des Wortes naheliegt, um sinnvoll und stimmig zu sein, in der und aus der Waage heraus, aus dem Gleichgewicht erfolgen. Nur wer aus dieser Waage heraus sich bewegen kann und darf, wer die Erfahrung des Gleichgewichtes macht, kann schließlich auch „etwas bewegen" und wird „abwägen" können.

Körperliche Erfahrung, seelische Haltung und Wertung spielen ineinander. In Form der Körpersprache teilen wir unserer Umwelt so manches darüber mit, was in uns vorgeht.

Es versteht sich, daß besonders für die Bewegung von Montessori immer wieder die **„Freiheit des Ausdrucks"** gefordert wird. Vehement klagt sie an, daß wir Erwachsenen die Welt der Dinge (z.B. in der eigenen Wohnung) gegen die Bewegungsbedürfnisse der Kinder verteidigen.

Wer je in seiner Bewegungsfreiheit beeinträchtigt war,

weiß, welche emotionale Belastung und welche sozialen Einschränkungen dies nach sich ziehen kann.

Den aufrechten Gang in Bewegungsfreiheit einüben zu können (nicht in „Laufställe" – welch ein Unwort – gesperrt, Hopser gezwängt, von Erwachsenen einfach hochgehoben zu werden), bereitet den Menschen auf eine Grundhaltung vor, die er auch vor Gott einnehmen darf: aufrecht und mit sich im Gleichgewicht, bereit und fähig, sich zu verneigen, die Arme bittend und dankend emporzuheben, einen eigenen Lebensweg mit Gott zu gehen.

Wo dieses Gleichgewicht gestört ist, weil es sich in den ersten Lebensjahren weder leibhaftig noch seelisch entwickeln konnte, kann auch der Zugang zum Transzendenten schwankend und schwierig werden.

Eltern sollten sich immer wieder fragen, ob ihr Verhalten angesichts des Bewegungsbedürfnisses ihres ein- bis dreijährigen Kindes dessen existentieller Notwendigkeit und Bedeutung auch entspricht. Oder einfach gesagt: Das Kind braucht Freiheit der Bewegung.

Aufrecht und aufrichtig, im seelischen und körperlichen Gleichgewicht, standfest und dynamisch: So entwickelt es sich zu einem Wesen, das sich auf Gott zubewegen kann.

Die Respektierung der sensiblen Phase für Bewegung ist ein Beitrag zur religiösen Erziehung.

Im Zusammenhang mit der Ausbildung des Gehörs und der Sensibilität für Bewegung ist in den ersten drei Lebensjahren die **sensible Phase für Sprache** von hoher Bedeutung. Was für alle Sensibilitäten gilt, wird hier besonders gefordert, weil dort auch am ehesten Vernachlässigung zu beobachten ist: Das Kind in den ersten drei Lebensjahren braucht eine angemessen „vorbereitete Umgebung" für Sprache.

Das Sprechen wird beim Kind durch das Gehör vorbereitet, das schon vor der Geburt ausgebildet ist. Kommunikation erfolgt nicht erst mit dem ersten Wort. Sie ist jedoch weit mehr als der Austausch von verbalen oder nonverbalen Zeichen.

Der jüdische Religionsphilosoph Martin Buber formuliert es so: „Der Mensch wird am Du zum Ich. Gegenüber kommt und entschwindet, Beziehungsereignisse verdichten sich und zerstieben, und im Wechsel klärt sich, von Mal zu Mal wachsend, das Bewußtsein des gleichbleibenden Partners, das Ichbewußtsein." (M. Buber, Ich und Du, Heidelberg, 11. Aufl. 1983, S. 37)

Der Mensch ist ein dialogisches Wesen. Er braucht die Ansprache durch den anderen Menschen, das Gegenüber, das Du.

Es ist sehr mühsam, dort, wo Sprache nicht vernommen werden kann, z. B. aus organischen Gründen, oder wo sie verkümmert ist, etwa aus sozialen Gründen, in einen lebendigen Dialog zu gelangen. Denn das Wort transportiert mehr als nur Informationen. Es vermittelt Stimmungen und Gefühle, Wertungen und Wirkungen, stiftet Beziehungen zum anderen und zu einem selbst.

Montessori verlangt daher von Eltern und Erziehern mit Blick auf diese Sensibilität für Sprache eine differenzierte und kultivierte Sprachumgebung. Sie warnt vor jeder Verniedlichung und vermeintlich kindgemäßen grammatikalischen Vereinfachungen. Die wesentlichen Sprachstrukturen haben sich im Kind bereits vor dem Eintritt ins Kinderhausalter gefestigt. Nunmehr setzt eine gezielte Montessori-Spracherziehung ein, die das Kind durch Kinderhaus und Schule konsequent begleitet.

Die sensible Phase für Sprache umfaßt jedoch mehr als nur die Kommunikation zwischen Menschen. Im Verständnis aller Hochreligionen teilt sich das Göttliche dem Menschen in verschiedenen Zeichen, dabei ganz wesentlich auch in Worten mit (der Schöpfungsbericht im Alten Testament ist ein schönes Beispiel dafür: „Gott sprach, es werde…")

Der Mensch wird zum Dialogpartner Gottes. Als „Hörer des Wortes" (K. Rahner) definiert der Mensch seine Lebensaufgabe. Vor dem Transzendenten ist man oft sprachlos, verstummt, ruft an, schreit, bittet und betet.

Die sogenannten Buchreligionen (Judentum, Christentum, Islam) gründen auf Heiligen Schriften, in denen das Wort Gottes sich im Menschenwort artikuliert.

Der Mensch als Dialogpartner Gottes antwortet in seiner Sprache, mit seinen Zeichen, durch seine Bewegungen (Kult/Liturgie).

Der Sensibilität für Sprache verantwortlich zu entsprechen, bedeutet also auch, das **Kind für den Dialog mit Gott offenzuhalten.** Eltern leisten, wenn sie diesem Anliegen Montessoris mit der notwendigen Konsequenz folgen, einen wichtigen Beitrag zur religiösen Erziehung. Montessori-Kinderhaus und Schule werden später ergänzen und vertiefen (vgl. hierzu auch Kap. 7 über die Stille).

Mit dem **Alter von 3–6 Jahren** kommt das Kind in eine Zeit, in der alles das, was es bisher geradezu aufgesaugt, aborbiert hat, ins Bewußtsein gehoben und damit zur Verfügung gestellt werden kann. Hier setzt die „casa dei bambini", das Montessori-Kinderhaus an. Die bereits gemachten Errungenschaften werden in einer vorbereiteten Umgebung vervollkommnet, angereichert und in einem erweiterten sozialen Umfeld erprobt und erlebt.

Der Montessori-Pädagoge arbeitet dabei eng mit den Eltern zusammen.

Er weiß um die Sensibilitäten der ersten drei Lebensjahre, und er weiß, daß es dabei nicht nur um die Grundlegung kognitiver, sozialer und emotionaler Fähigkeiten ging. Er sollte wissen, daß auch das religiöse Potential des

Menschen in den jeweiligen Sensibilitäten immer lebendig ist. Der Erzieher, die Erzieherin trägt eine Mitverantwortung für die weitere Gestaltung des religiösen Potentiales im Kind. Wo diese Verantwortung nicht wahrgenommen wird, besteht die Gefahr, „ganz dicht am Kinde vorbeizugehen, ohne es zu sehen.“ (Montessori)

Der Erzieher ist gleichsam der Bindestrich zwischen Kind und Welt: In freigewählter Tätigkeit entwickelt sich das Kind zur zunehmend eigenständigen Persönlichkeit. Seine Sensibilitäten leiten es dabei.

Für viele Kinder erfolgt im Kinderhaus zum ersten Male die Berührung mit einer größeren Gemeinschaft.

Seine **soziale Sensibilität** während dieser Jahre läßt das Kind dabei lebensbedeutsame Erfahrungen machen: zustimmen und ablehnen, sich binden und lösen, Ordnungen annehmen, Rücksicht nehmen und eigene Bedürfnisse anmelden. Montessori spricht von einer kindlichen Kohäsionsgesellschaft und macht damit einerseits auf die kindliche Sensibilität für soziale Verbindlichkeit (Gesellschaft), andererseits auf deren Labilität (Kohäsion) aufmerksam.

Alle Religionen stiften und fordern Gemeinschaft; diese ist oftmals geprägt von sozialen Formen mit einem hohen Grad an Verbindlichkeit (Gesetze, Gebote usw.).

In der Phase der sozialen Sensibilität zwischen drei und sechs Jahren kann das Kind zu einer Mündigkeit in Freiheit geführt werden.

Es sollte in dieser Zeit erfahren und lernen können, daß man auch im sozial-kulturellen Bereich frei wählen kann und soll.

Diese Grunderfahrung bereitet vor auf eine möglicherweise im Jugendalter folgende (und notwendige) Auseinandersetzung mit der eigenen Religiosität und deren institutioneller Bindung (z. B. Kirche).

Anders gesagt: In dieser sozial-labilen Phase wird die

Bereitschaft, sich religiös zu binden (und zu lösen) eingeübt. Auch das ist religiöse Erziehung.

Wie geht es beim Schulkind weiter? Welche Sensibilitäten sind da bedeutsam?

Beobachten wir eine Szene in der Schule:

Patronenschuld

„Bei mir schreibt ihr entweder mit dem Bleistift oder mit dem Füller."

Die Bedingungen sind klar. Janosch kennt sich aus.

Den Bleistift hat er vergessen. Aber da ist der Füller: alles o. k. Allerdings nur für drei Sätze: Patrone leer. Und er hat keine Ersatzpatronen dabei.

Nebenan sitzt Mark. Der ist gerade draußen. Und das dauert und dauert. Janosch braucht dringend Tinte. In Marks Federmäppchen sind drei volle Patronen. Ob er sich einfach eine nehmen kann? Mark kommt immer noch nicht. Die Patrone paßt. Tinte muß sein.

Und wenn jetzt der Mark kommt...? Janina ist schneller: „Frau Baumann, der Janosch hat dem Mark einfach eine Patrone aus dem Mäppchen genommen."

Der Fall ist klar. Und jetzt? Knallt es?

Die zweite große Phase im kindlichen Leben ist nach Montessoris Auffassung das **Alter von sechs bis zwölf Jahren.** Das Kind, in den Jahren des Kinderhauses „vom unbewußten Schöpfer zum bewußten Arbeiter" (Montessori) herangereift, befindet sich nunmehr in einer **stabilen Phase.** Es erweitert seinen Aktionsbereich, ist in besonderem Maße sensibel und schreitet konsequent voran zu Abstraktionen und Vorstellungen. Der „Keim der Wissenschaft" (Montessori) wird gelegt. Der **Erwerb von Wissen** fällt jetzt leicht. Das Kind setzt seinen Verstand gezielt und planvoll ein, erprobt **Problemlösungsstrategien**, erwirbt die grundlegenden Lerntechniken. Eine angemessene Lernumwelt ermutigt das Schulkind zur Meditation am Detail – es lernt exemplarisch und erprobt **die Übertragung des Gelernten auf andere Sachverhalte:** Das ist die Realität der „Freiarbeit" in der Montessori-Schule.

Geht es in dieser Zeit nur um optimale Wissensvermittlung? Stecken in dieser Sensibiltät für Wissenserwerb nicht noch mehr Möglichkeiten?

Jede Weltanschauung, jeder Glaube muß sich vom forschenden und fragenden Verstand des Menschen prüfen lassen. Das Montessori-Erziehungskonzept kann hierzu die Grundlage schaffen. In ihrer Rationalität und Sozialität trägt die Montessori-Pädagogik dazu bei, einen mündigen Glauben zu ermöglichen.

Dies geschieht in der Entwicklung aller wesentlicher Wissensbereiche in vorbereiter Umgebung, im konzentrierten Sichverlieren an eine Tätigeit (Polarisation der Aufmerksamkeit).

Im Alter von sechs bis zwölf Jahren ist eine zweite Sensibilität besonders wirksam. Es ist dies die Sensibilität für gut und schlecht, richtig und falsch: Es ist die Zeit der **Dominanz moralischer in enger Verbindung mit sozialer Sensibilität.**

Dabei geht es um den lebens- und glaubensbedeutsamen Prozeß der **Gewissensbildung**.

Maßstäbe für sein Handeln gewinnt ein Kind nur aus der Erfahrung mit anderen Menschen. Es reflektiert seine Erfahrungen und erprobt eigene Wege moralischen Handelns.

In der Montessori-Schule geschieht dies durch die konsequente **Einübung in die Verantwortung für das eigene Handeln** (Freiarbeit) und durch die **Einhaltung verbindli-**

cher sozialer Regeln (zum Beispiel gilt für das Material: jedes Ding hat einen Platz; wird diese Regel gebrochen, können andere Kinder am nächsten Tag möglicherweise nicht richtig arbeiten). Darüber hinaus gibt es in der Montessori-Schule die Regel der **Selbstverpflichtung** (hole dir Hilfe, wenn du sie brauchst – hilf, wenn jemand dich braucht). Von entscheidender Bedeutung ist auch eine **eindeutige, berechenbare und zuverlässige Haltung von Erwachsenen**.

Damit sind wir wieder bei unserer Geschichte.

Was hat Janina von ihrer Lehrerin erwartet, als sie ihr Janoschs Selbsthilfe in Sachen Tintenpatrone berichtete? Wollte sie, daß Janosch bestraft wird?

Montessori würde sagen: Sie hat den Lehrer aufgefordert, eine eindeutige moralische Position einzunehmen, an der sie sich dann auch orientieren kann. Der Lehrer könnte z. B. antworten: „Janosch hätte auf Mark warten sollen. Das wäre richtig gewesen. Ich werde mit ihm darüber sprechen."

Das sogenannte „Petzen" ist bei Grundschulkindern oft nichts als ein Hinweis auf diese moralische Sensibilität und das Bedürfnis, klare Maßstäbe zu erhalten.

Sich durch Schlechtmachen oder Anschwärzen eines anderen Vorteile zu verschaffen: dies tun Kinder nicht von sich aus. Sie lernen es von Erwachsenen.

Dennoch: Montessori macht deutlich, daß die Schule durch die im System liegenden Zwänge nur in begrenztem Maße der moralischen Sensibilität gerecht werden kann.

Die Familie kann einem Kind viel intensiver dabei helfen, in sich eine moralische Instanz, eine Oberperson, einen „inneren Führer" aufzubauen, der dem Kind hilft, Gewissensentscheidungen zu treffen und ihnen Folge zu leisten.

Angesichts der zunehmend schwieriger gewordenen

Ausgangssituation für die Familie als zentralem Ort der Werteerziehung wird von der Schule gefordert, Moral- und Werteerziehung zu betreiben. Damit ist sie jedoch überfordert.

An Montessori-Schulen versucht man dennoch, dieser Forderung nicht auszuweichen.

Denn an ihnen wird durch ihre Struktur bereits das eingeübt, was dem Menschen letztlich aufgegeben ist: der Umgang mit der Freiheit.

Sofern, wie von Montessori gefordert, der Lehrer dem Kind in Demut und Liebe begegnet, wird konkret erfahrbar, was auch Grundlage aller Hochreligionen ist: anderen Menschen und Gott in Liebe und Freiheit begegnen zu können und zu dürfen.

Die Montessori-Pädagogik ist eine Pädagogik der Achtung. Als solche spiegelt sie die Ethik der großen Weltreligionen und bereitet darauf vor, eine mündige Entscheidung in Sachen des Glaubens zu treffen und eine klare Haltung in Fragen der Ethik einzunehmen.

Sensibilitäten gibt es auch noch im Jugenalter. Ob es da schwieriger wird, in dieser Zeit der Umbrüche?

Bei uns ist es jedenfalls soweit, daß davon erzählt werden kann.

„Keine Ahnung, wann ich nach Hause komme…“

Als Benedikt mir das sagt, habe ich wohl nicht richtig hingehört. Jedenfalls kann ich nicht einschlafen. Er wird schon wissen, was er tut. Eigentlich ist er alt genug.

Es wird immer später. Ich kann nicht einschlafen.

„Wer fährt ihn? Da wird doch wohl kein Alkohol getrunken? Haben wir mal darüber gesprochen, was ist, wenn er mit einem Mädchen…?“

Eigentlich würde ich jetzt gern ein Bier trinken, zur Beruhigung.

Und wenn er anruft? Ich muß vielleicht doch noch fahren.

Warum ist meine Frau bloß so gelassen? Ihre Nerven möchte ich haben.

„Vergiß nicht, er ist doch schon fast achtzehn."

Eben.

Jetzt schläft sie sogar ein. Und ich kann nicht loslassen.

Endlich. Ein Auto. Hoffentlich nicht die Polizei

Die Türe, die Treppe.

„Na, Papa, noch auf? Öde Fete – teilen wir uns noch ein Bier?" Und dann legt er den Arm um mich, als wolle er sagen:

Hab dich durchschaut, Alter. Trotzdem schön, daß du da bist.

Finde ich auch.

Die **Phase von 12–18 Jahren,** gekennzeichnet durch dramatische physiologische und psychische Prozesse, ist eine Zeit hoher **Labilität. Schutz und Geborgenheit**: Dies soll dem Jugendlichen, so erwartet er, die Familie, vielleicht auch die Schule gewähren. Denn er will **Selbständigkeit** im sozialen Beziehungsnetz entwickeln, will **die Rolle des Menschen in der Gesellschaft begreifen**. Dabei ist er sensibel für Würde und Selbstwert, darin aber auch besonders **verletzlich**.

Sein unterscheidender „kritischer" Verstand fordert zum Handeln, zum Gestalten, zum Verändern auf. Studieren und Erkennen durch Handeln, Reflektieren, Meditieren: Das sind seine Wege zur Autonomie. Verhindern können diesen Weg nur Institutionen, die sich selbst für bedeutsamer halten als die Menschen, für die sie und mit denen sie eigentlich leben sollten: Staat und Schule, Familie und natürlich auch die etablierten Glaubensgemeinschaften.

In Montessoris Utopie der „Erfahrungsschule des sozialen Lebens" skizziert sie eine den Sensibilitäten des Jugendalters gemäße vorbereitete Umgebung: ein Bauernhof als Wirtschaftsbetrieb, ein Geschäft als Vermarktungsbetrieb, ein Gasthaus als Stätte der Kommunikation. Daran gemessen haben alle Montessori-Schulen im Sekundarbereich Kompromißcharakter.

Eltern und Lehrer sollten sich fragen:

Gewähren sie Schutz und Geborgenheit, ohne egoistisch zu klammern oder Selbstwertgefühl und Selbständigkeit zu unterdrücken? Wenn dies gelingt, vermitteln sie dem Jugendlichen eine wesentliche religiöse Grunderfahrung: Du darfst in Frage stellen, was dich liebt, du darfst kritisieren, was für dich da ist, du darfst verlassen, was dich trug. Du darfst zurückkehren, wenn du soweit bist, du darfst (nun endlich) ganz du sein, um deinen Lebenssinn selbst zu definieren.

Es fällt auf, daß die Initiationsriten vieler Religionen mitten in diese Zeit erhöhter Sensibilität hinfallen. (z. B. Konfirmation und Firmung).

Sie nehmen Schaden an ihrer Glaubwürdigkeit, wenn Jugendliche die Erfahrung machen, daß ihr Anspruch und die gelebte Realität nicht identisch sind.

Die Montessori-Pädagogik ist bemüht, neben Schutz und Geborgenheit bei gleichzeitigem Loslassen-Können auch Souveränität im Umgang mit dem eigenen Versagen (als Eltern, Lehrer) zu zeigen.

Jugendliche sollten erleben, daß Erwachsene zu ihren Schwächen stehen und um Vergebung bitten.

Die Glaubwürdigkeit anderer Menschen hilft den Jugendlichen, selber Glauben zu würdigen.

Das Kind, der Jugendliche, so stellten wir fest, begehrt auf, wenn seinen Sensibilitäten nicht entsprochen wird. Die Berücksichtigung der sensiblen Phasen jedoch führt den jungen Menschen ohne Verkrampfung zu Identität und Autonomie.

Jede Sensibilität arbeitet der nachfolgenden zu: Das Kind wächst in seiner Individualität und als Persönlichkeit.

Man könnte sagen, sensible Phasen lassen die Bestimmung des Menschen, sich die Welt zu eigen zu machen, „Mit-Schöpfer" zu sein, in großer Eindringlichkeit und Dichte aufscheinen. Sie machen allerdings auch deutlich, daß der Mensch – auch unverschuldet – sein Ziel verfehlen kann.

So läßt das Vorhandensein sensibler Perioden tatsächlich auch nach dem Sinn fragen, ja, ihre Unabdingbarkeit weist uns nachdrücklich darauf hin, daß möglicherweise allem in dieser Welt seine Zeit (Periode) und sein Sinn zukommt.

Ist es da vermessen, von ihnen als einem letztlich religiösen Phänomen zu sprechen?

Können sie nicht in ihrer Gesamtheit als Vorbereitung auf eine Lebensantwort aus dem Glauben begriffen werden?

Kapitel 10

Die Welt verantwortlich gestalten
„Kosmische Erziehung" als Weg religiöser Erziehung

Winterfrühling

Nicht oft haben wir beide Zeit für solche Spaziergänge. Nicht oft gibt es diese klarblauen frostigen Wintertage.

Wir lassen uns Zeit.

Aus der Natur scheint das Leben entwichen. Zugefroren, erfroren vielleicht.

Da greift er mit seiner kleinen Hand einen Zweig, biegt ihn behutsam zu sich hin. Die Hand wärmt, und Schneereste tropfen herab.

„Lebt der jetzt, Papa, oder ist der erfroren?"

Wir schauen genauer hin. Sieht wirklich nicht sehr lebendig aus.

Aber da, ein kleiner Knubbel. Weich und gar nicht so braun wie alles andere.

„Papa, da ist ja der Frühling drin."

Der Frühling, mitten im Winter.

Die Knospe ist schon da, aber noch nicht sichtbar. Sie braucht den Winter, um den Frühling erleben zu können. Sie braucht den Sommer, um heranzureifen und sich voll zu entfalten, damit schließlich der Herbst alles vollenden und den Keim zu einem neuen Anfang legen kann. So geht es weiter und weiter. Eines greift in das andere, wird zur Bedingung des folgenden. Im Zusammenspiel unzähliger Kräfte. Ob man von der Blüte redet oder vom menschlichen Leben oder der Entwicklung des Universums: sichtbar wird eine Ordnung. Und in ihr steht der Mensch. Oder steht er über ihr?

Was wäre, wenn wir bei unserem Winterspaziergang den Zweig einfach abgeknickt hätten, was wäre, wenn wir die versteckte Knospe gar nicht wahrgenommen hätten oder hätten wahrnehmen können?

Fragen drängen sich auf:

Gibt es einen letzten Sinnzusammenhang für all das, was ist?

Welche Aufgabe kommt uns Menschen in diesem Zusammenhang zu?

Und wenn es eine solche Aufgabe des Menschen gibt, wie sollte er darauf vorbereitet werden?

Maria Montessori hat sich diesen Fragen in ihren letzten beiden Lebensjahrzehnten mit zunehmender Intensität gestellt.

Die Frage nach der **Stellung des Menschen im Kosmos** wird zur zentralen Frage ihrer Pädagogik. Denn aus einer Beschreibung dieser Stellung könnte man als Grundforderung an jede Erziehung ableiten: der Mensch müsse dazu befähigt werden, seiner Aufgabe im Kosmos gerecht zu werden.

Etwa siebzehn Jahre vor ihrem Tod formuliert die fünfundsechzigjährige Maria Montessori im Jahre 1935 die Leitidee ihres gesamten Erziehungswerkes: Es ist die Idee der **„kosmischen Erziehung“.**

Sie kann diesen Gedanken in Europa nicht mehr verbreiten. Nach ihrer Flucht vor den Franco-Faschisten aus Spanien (1936) folgt Montessori 1938 einer Einladung zu Ausbildungskursen nach Indien. Als Italienerin mit Eintritt Italiens in den Krieg (1940) von den Engländern kurzzeitig interniert, kann sie nach ihrer Entlassung in den folgenden Jahren an verschiedenen Orten Indiens Ausbildungskurse abhalten.

Im Jahre 1949 kehrt Montessori endgültig nach Europa zurück. Sie findet ihr Lebenswerk weitgehend zerstört, zum Teil vergessen. Um so intensiver widmet sie sich dem Anliegen einer „kosmischen Erziehung", denn es geht um die Erziehung der menschlichen Kräfte, die – das hat nicht erst der Zweite Weltkrieg gezeigt – so vernichtend sein können, es geht um die Erziehung eines neuen Menschen für eine Welt, in der Frieden und Gerechtigkeit herrschen sollen.

Wer Montessoris Lebenswerk genauer studiert, wird entdecken, daß sich die Idee der „kosmischen Erziehung" konsequent entwickelt hat.

„Bei der Erziehung beschäftigt uns ... weniger die Wissenschaft als das Interesse an der Menschheit und der Kultur, für die es nur ein einziges Vaterland gibt: die Welt." (M. Montessori, „Kosmische Erziehung", S. 12) So formuliert Montessori bereits 1909. Erschüttert von den Greueln des Ersten Weltkrieges, entfaltet sie in der Zeit von 1928 bis 1935 ihren friedenspädagogischen Ansatz und stellt prophetisch fest: „Der Mensch schläft mit all seinen Errungenschaften am Rande des Abgrundes. Er muß seinen Blick vom Außen der eroberten Natur zurückwenden auf sein zurückgebliebens Innen." (a. a. O., S. 12)

Mit ihrem Beitrag „Die Stellung des Menschen in der Schöpfung" (London 1935) skizziert Montessori erstmalig ihre **„kosmische Theorie"**, die gedankliche Grundlage der während des Indienaufenthaltes entfalteten Praxis der „kosmischen Erziehung".

„Um eine Vorstellung davon zu geben, was wir unter ‚kosmischer Erziehung' verstehen, muß kurz der Hintergrund dieser Frage berührt werden, d.h. die ‚kosmische Theorie'. Diese erkennt in der ganzen Schöpfung einen einheitlichen Plan, von dem nicht nur die verschiedenen Formen der Lebewesen, sondern auch die Entwicklung der Erde selbst abhängt. (...) Das Leben schreitet nach einem kosmischen Plan voran, und der Sinn des Lebens ist nicht, Vollkommenheit auf einer unbegrenzten Bahn des Fortschritts zu erlangen, sondern einen Einfluß auf die Umgebung auszuüben und ein bestimmtes Ziel in ihr zu erreichen." (a.a.O., S. 19f.)

Und weiter: „Das Universum ist eine eindrucksvolle Wirklichkeit und eine Antwort auf alle Fragen. Wir werden gemeinsam den Pfad des Lebens beschreiten, denn alle Dinge sind Teil des Universums und miteinander verbunden, um eine große Einheit zu bilden." (a.a.O., S. 41)

„Die Sterne, die Erde, die Gesteine, alle Formen des Lebens bilden in enger Beziehung untereinander ein Ganzes; und so eng ist diese Beziehung, daß wir keinen Stein begreifen können, ohne etwas von der großen Sonne zu begreifen! Keinen Gegenstand, den wir berühren, ein Atom oder eine Zelle, können wir erklären ohne Kenntnis des großen Universums." (a.a.O., S. 42)

Und mit Blick auf das Kind stellt sie fest: „Das Kind ist befriedigt, wenn es das universale Zentrum seiner selbst und aller Dinge entdeckt hat."(a.a.O., S. 41) „Die Gesetze, die das Universum regieren, können dem Kind interessant und wunderbar gemacht werden, interessanter sogar als die Dinge an sich, und so beginnt es zu fragen: Was bin ich? Was ist die Aufgabe des Menschen in diesem wunderbaren All? Leben wir nur für uns hier, oder gibt es mehr für uns zu tun? Warum streiten und kämpfen wir? Was ist gut und böse? Wo wird das alles enden?" (a.a.O., S. 42)

Was wir heute **ökologische Perspektive**, holistisches, ganzheitliches oder auch **vernetztes Denken** nennen, ist bereits vor mehr als sechzig Jahren als Denkansatz lebendig in der Pädagogik Montessoris.

Für unsere Fragestellung ist bedeutsam, daß Montessori sich nicht damit zufriedengibt, die funktionale Harmonie des Kosmos als Ansatzpunkt der Erziehung zu begreifen. Für sie ist es nur konsequent, über das Wißbare und Begreifbare hinaus nach dessen Ursprung und Sinn zu fragen. Daher genügt es ihr nicht, dem Kind elementare Zusammenhänge zu vermitteln. Für Montessori zielt Erkenntnis auf Handeln und Handeln auf Verantwortung, beides ineins letztlich auf die Sinnfrage.

„Kosmische Theorie" gewinnt so eindeutig und unabhängig von jeder Weltanschauung eine transzendente Perspektive. Ihre Fragestellung ist implizit auch eine religiöse.

Ist für Montessori ein solcher letzter Sinn, ein Ursprung dieser wundervollen Harmonie des Kosmos zu erkennen und zu benennen?

Knapp, klar und eindeutig stellt sie fest: „Diese Harmonie, die auf dem Bedürfnis jedes einzelnen beruht, ist göttlichen Ursprungs." (M. Montessori, Frieden und Erziehung, S. 131) „Ohne jeden Zweifel besitzt die kosmische Konzeption Affinität zu der ‚Einheit Gottes, des Schöpfers', wie sie in vielen Religionen anerkannt wird." („Kosmische Erziehung", S. 29) Ein „kosmischer Schöpfungsplan", der der „Gnade Gottes" entspringt, strebt seiner Vollendung entgegen.

Montessoris Gedanken sind eigentlich nicht neu. Bereits Johann Amos Comenius (1592–1670) beschreibt in seinem weltumspannenden Erziehungskonzept (Pampaedia) die Welt als „den Zusammenhang aller Dinge als einheitliches Ganzes", dessen voller und universaler Zusammenklang sich zu einer „Gesamtharmonie" vereinigt. Er bestimmt als Aufgabe des Menschen „die Verwendung der Dinge gemäß ihren immanenten Zwecken" und die Mitwirkung an der Vollendung der Schöpfung durch das „In-Ordnung-bringen der Welt".

Und Friedrich Fröbel (1782–1852), den man bei uns als Vater des Kindergartens kennt, formuliert im ersten Satz seiner „Menschenerziehung" (1826): „In allem ruht, wirkt und herrscht ein ewiges Gesetz. (...) Alles ist hervorgegangen aus dem Göttlichen, aus Gott, und durch das Göttliche, durch Gott einzig bedingt; in Gott ist der einzige Grund aller Dinge."

Wo kommt dieses Denken her?

Wer Montessoris umfassenden und zentralen Gedanken der „kosmischen Erziehung" richtig verstehen und in seiner religionspädagogischen Bedeutung erkennen will, kommt nicht umhin, sich mit einigen Aspekten der **Philosophie der Ordnung** auseinanderzusetzen. Denn es ist ihr Anliegen, das Kind mit den Strukturen dieser „kosmischen Ordnung" vertraut zu machen, um es zu befähigen, seine Aufgabe in ihr verantwortlich zu erfüllen.

Was also ist das, eine Ordnung?

Eine Ordnung ist eine Einheit aus mehreren nach einer Regel aufeinander bezogenen Elementen. Diese müssen untereinander eine Beziehung haben. Sie können durchaus verschieden sein, aber man muß ihre Beziehung zueinander eindeutig beschreiben können.

In jeder Schulklasse gibt es zum Beispiel eine Sitzordnung. Jedes Kind und der Lehrer haben in ihr einen festen Platz. Es gilt möglicherweise dabei als Regel, daß jedes Kind gleichviel Platz haben und die Tafel gut sehen können soll. Mit Hilfe eines Sitzplanes ließen sich diese Ordnung und die räumliche Beziehung der einzelnen Elemente zueinander eindeutig beschreiben.

Wenn die Beziehung der einzelnen Elemente untereinander unveränderbar ist, spricht man von einer statischen oder geschlossenen Ordnung, ist sie veränderbar, spricht man von einer offenen oder dynamischen Ordnung.

Die **statische Ordnung** hat eine ganz klare Struktur; man kann ein Schema, ein Muster erkennnen und beschreiben. Will man eine **dynamische Ordnung** beschreiben, so versucht man, deren Gesetze herauszufinden und zu erforschen, ob sie ein Ziel und einen Sinn hat.

In Schulen kann man sowohl statische wie auch dynamische Sitzordnungen vorfinden. In früheren Zeiten war die Ordnung eindeutig statisch: Starre Bänke und das Lehrerpult gaben das Schema vor. Heute finden wir oft dynamische Sitzordnungen. Beim Blick in Montessori-Einrichtungen wird man verschiedenste Formen der Sitzordnung vorfinden. Oftmals ergeben sich zwischen Gast und Klassenlehrer Gespräche über deren Gesetzmäßigkeiten, über ihren Sinn und ihr pädagogisches Ziel, weil man sie als Außenstehender gar nicht so leicht erkennen kann.

Als Menschen stehen wir immer wieder Ordnungen gegenüber und setzen uns mit ihnen auseinander, immer wieder erfahren wir zudem, daß auch wir Teil einer Ordnung sind.

Da ist es nur natürlich und sicher auch notwendig, daß unser menschlicher Geist sich fragend und forschend mit Ordnungen auseinandersetzt, ihre Gesetzmäßigkeiten entdecken will, ja selbst Ordnungssysteme schafft und ggf. durchsetzt.

Die **Naturordnung (Kosmos)** ist uns dabei vorgegeben. Sie zu erforschen ist wichtigste Aufgabe des Menschen, denn sie ist Voraussetzung für alle weiteren Ordnungen, seien sie offen oder geschlossen, statisch oder dynamisch.

Die Entdeckung der kosmischen Ordnung (Naturordnung) allein reicht nicht aus, um sinnvoll zu leben.

Schließlich kann der Mensch als einziges Lebewesen in diese Ordnung verändernd eingreifen. Daher muß er sich den Gesetzen oder Strukturen der Naturordnung gemäß verhalten. Sonst schadet er nicht nur der Natur, sondern auch sich selbst.

Dazu braucht er Werte und Normen. Er muß also die **Ordnung der Ethik und der Logik** erkennen. Nichts, was wir tun, ist folgenlos – selbst wenn wir atmen, verändern wir die Atmosphäre, wenn auch unwesentlich.

Es gilt also, den Zusammenhang zwischen Ursache und Wirkung menschlichen Handelns zu entdecken.

Wer aber kann alle Folgen überschauen und verantworten?

Ein nächster Schritt ist notwendig. Wir müssen lernen, uns den erkannten Ordnungen gemäß zu verhalten.

Und das tun wir, indem wir uns festlegen auf eine **Ordnung der Kultur und der Technik,** damit wir uns selbst, unseren Mitmenschen und unserer Umwelt keinen Schaden zufügen.

So schaffen wir Rechtsordnungen gemäß unserer Kultur, entwickeln und planen technische Gebilde gemäß den physikalischen Gesetzmäßigeiten und unseren Bedürfnissen, ordnen selbst die kleinsten Bereiche unseres Umgangs untereinander (Spielregeln, Mode, Kunst usw.) Wir ordnen nach Raum und Zeit, nach Rang und Bedeutung.

Wir erkennen unseren Organismus als Ordnung, in der ein Element seine Bedeutung und volle Wirkung nur im Zusammenspiel mit allen anderen gewinnt.

Wir suchen in uns selbst, in der Natur, in den Beziehungen der Menschen zueinander nach den Bedingungen einer Harmonie, nach dem stimmigen Zusammenklang bei aller Verschiedenheit. Jede Antwort führt uns zu neuen Fragen.

Die letzte dieser Fragen lautet: **Gibt es in aller Ordnung einen letzen Sinn und ein (letztes) Ziel?**

Ist dieses letzte Ziel ausschließlich mit unserem Verstand zu ergründen?

Wir müssen uns sagen lassen: Neben der vernunftbezogenen Erkenntnis der Ordnung gibt es auch so etwas wie eine „Schaukraft der Liebe", die „Ordnung des Herzens" (M. Scheler) oder „Ordre du coeur" (B. Pascal).

Wir werden die Ordnung und den Sinn unserer Welt mit Verstand und Gefühl, mit dem Herzen und in Liebe ergründen müssen, wissend, daß die letzte Begründung aller Existenz Geheimnis ist, das wir mit menschlichen Ordnungskategorien nicht, wohl aber im Glauben erfassen können.

Diesen Weg geht auch Montessori.

Sie tut dies auf der Grundlage der christlich-abendländischen Tradition.

Damit steht für sie fest: Die Schöpfung insgesamt ist eine umfassende Ordnung. Diese Ordnung ist grundsätzlich gut, weil auch ihr Schöpfer, eben „Gott", gut ist. Weil Gott gut ist, ist auch das Ziel der Schöpfung als „gut auf Gott hin" zu beschreiben.

Montessori setzt in ihrer „kosmischen Theorie" einen solchen **„kosmischen Plan"** Gottes voraus. Er ist durch die Schöpfung uns Menschen durchaus zugänglich. Gedanklich befindet sie sich damit in der Nähe des christlichen Theologen und Paläontologen Teilhard de Chardin (1881–1955).

„Die Zeit ist vorbei, da Gott sich uns einfach von außen her als ein Meister und Besitzer aufzwingen konnte. Die Welt wird in Zukunft die Knie nur mehr vor dem organischen Zentrum ihrer Evolution beugen", formuliert Teilhard de Chardin (Die menschliche Energie, Olten 1966, S. 147). Und weiter: „Wie die Meridiane in der Nähe des Pols, konvergieren Wissenschaft, Philosophie und Religion notwendigerweise in der Nachbarschaft des Alls, aber ohne zu verschmelzen." (ders.: Der Mensch im Kosmos, München 1959, S. 2)

Diesen Denkansatz nimmt Montessori auf. In ihrer „kosmischen Theorie" bringt sie Ordnungsphilosophie und Evolutionstheorie zueinander, ohne sie zu verschmelzen; sie bettet beides ein in ihr christliches Weltbild und zieht aus dieser Trias Konsequenzen für einen grundlegend neuen Weg der Erziehung. Dabei geht es ihr um eine schöpfungsgemäße Zukunft der Menschen, die – von Gott aus und auf Gott hin – eigentlich nur gut sein kann, gäbe es da nicht den Menschen, der in seiner Freiheit sich auch gegen seine eigentliche Bestimmung zu entscheiden vermag und schöpfungsfeindlich handeln kann.

Fragen wir also nach der besonderen **Stellung des Menschen in der Schöpfung.**

Für Montessori ist alle Natur und Kreatur eine „Manifestation des Göttlichen", in ihr ist der „Göttliche Geist wirkend, leitend" („Kosmische Erziehung", S. 14).

Dabei gilt für sie: „Wenn Gott die Wesen intelligent bewegt, so gibt er dem Menschen die Intelligenz." (a. a. O., S. 17)

„Das neue Element des Geistes ist durch den Menschen der Schöpfung zugebracht worden." (a. a. O., S. 36)

Daraus folgt für sie der Auftrag: „Wir haben das göttliche Werk zu fördern, aber nicht uns an seine Stelle zu setzen, da wir sonst zu Verführern der Natur werden." (a. a. O., S. 19) **Der Mensch als eine eigenständige „kosmische Kraft"** darf mit dieser Kraft aber nicht willkürlich verfahren. Sonst läuft er Gefahr, seine „kosmische Mission" zu verfehlen, nämlich im Hören auf den Willen Gottes gleichsam als „Mit-Schöpfer" das Schöpfungswerk fortzuführen. Montessori spricht von der Mitarbeit des Menschen am Werden einer Welt, die der Schöpfungsordnung gemäß sich evolutiv weiterentwickeln kann zu Frieden und Harmonie.

Dazu muß der Mensch ständig an sich arbeiten.

Denn: „Was wir zu sagen geneigt sind, ist: ‚Gehorche mir und werde wie ich.' Während wir sagen sollten: ‚Gehorche Gott und werde wie Gott.'" (a.a.O., S. 19)

Das Nicht-Festgelegtsein des Menschen, seine Freiheit, hat ihn – und Montessori sieht dies sehr realitätsnüchtern – seiner kosmischen Mission entfremdet. Wo der Mensch seinen kosmischen Auftrag nicht von Gott her begreift, wo er nicht im Geiste der Ehrfurcht und der Dankbarkeit, des Verstehens und der Liebe, der Solidariät und der Harmonie diesem Auftrag gemäß lebt, wo er sich selbst als allmächtiger Schöpfer und nicht mehr als Geschöpf versteht, wendet sich sein Werk möglicherweise gegen ihn.

„Der Mensch fühlte sich fast ausschließlich gedrängt, seine kosmische Mission auszuführen, und indem er dies tat, vergaß er sich selbst. Heute ist er nicht ‚gerüstet', die (...) Umgebung zu beherrschen, welche er selbst auf der Erde geschaffen hat. Er hängt blind und unbewußt ab von den Umständen, die er selbst bereitet hat, als er sich seiner Aufgabe auf der Erde nicht bewußt war. Die Menschen achteten nicht auf die Menschheit. Ihr Werden wurde vernachlässigt und dem Zufall überlassen und blieb so in der Entwicklung niedriger im Vergleich zu der Umgebung, in welcher der Mensch lebt. Er ist orientierungslos und besitzt keine Kontrolle über seine eigene Schöpfung." (a.a.O., S. 25) Daraus ist zu schließen:

„Wenn die Einheit der Menschheit – die ein natürliches Faktum ist – endlich zu ihrer Organisation kommt, wird dies nur durch eine Erziehung geschehen, die all das schätzen lehrt, was Frucht menschlicher Zusammenarbeit ist und die die Bereitschaft erbringt, Vorurteile im Interesse der gemeinschaftlichen Arbeit für den kosmischen Plan abzuwerfen, der auch der Wille Gottes genannt werden kann und im Ganzen Seiner Schöpfung wirkend in Erscheinung tritt." (a.a.O., S. 93 f.)

„Kosmische Erziehung“ ist demnach der praktische Weg, auf den der Mensch geführt werden muß, damit er seine Aufgabe in der Schöpfung erfüllen kann.

Montessoris hier skizzierte „kosmische Theorie" bietet dazu die weltanschauliche Grundlage.

Von ihrem geistigen Ansatz her ist „kosmische Erziehung" ein übergreifendes Prinzip. Eine menschenwürdige, schöpfungsgemäße Weltfriedensordnung herbeizuführen ist ihr Ziel. Ganzheitlich orientiert, spricht sie Gewissen und Verstand, Leib und Seele gleichermaßen an. Sie verweist, ganz unabhängig von kulturellen, ethnischen, nationalen oder gar politischen Vorgaben auf einen Weg, der, Verengungen und Einschränkungen überwindend, durch Einsicht in die natürlichen Zusammenhänge der Welt zu einem Einverständnis mit der Schöpfung, mit Gott, mit den metaphysischen Grundlagen der Welt führt.

„Kosmische Erziehung" ist, will man Montessori-Pädagogik nicht unzulässig verkürzen, in ihrem Denkansatz daher immer auch religiöse Erziehung.

Durch Einsicht in die Zusammenhänge zum Einverständnis mit der Schöpfung: Dies ist der Weg der „kosmischen Erziehung“.

Grundsätzlich gilt alles, was bisher über die Praxis der Montessori-Pädagogik gesagt wurde, auch hier.

Die Entfaltung und Entwicklung des kindlichen Geistes gemäß sensiblen Perioden ist natürlich auch der „kosmischen Erziehung" vorgegeben.

Absorbierend und ordnend entwickelt er sich in den

ersten sechs Lebensjahren. Analysierend und systematisierend strukturiert er sich im Alter von sechs bis zwölf, problematisierend und professionalisierend vollendet sich die Entwicklung im Alter vom zwölften bis etwa zum achtzehnten Lebensjahr.

Es lassen sich von daher didaktische Strukturmerkmale und Aufgaben der kosmischen Erziehung benennen:

Das Kind erfährt: Meine Welt ist sinnvoll und gut geordnet.

Das Kind erfährt: Ich bin Teil dieser Ordnung.

Das Kind erfährt: Ich kann diese Ordnung verändern und trage Verantwortung für sie.

Das Kind erkennt: Diese Ordnung kommt von Gott und führt zu ihm hin.

„Meine Welt ist in Ordnung."

Ich habe Eltern, die mir Liebe schenken. Sie sind da. Das ist gut. Die Welt ist gut. Ich habe Vertrauen. – Diese Grunderfahrung macht das Kind im Alter bis zu drei Jahren in seiner Familie: „Kosmische Erziehung" in der frühen Kindheit.

„Alles läßt sich begreifen, alles läßt sich ordnen."

Im Alter von drei bis sechs Jahren wird dem Kind die Welt ordnend bewußt und zunehmend verfügbar gemacht: „Kosmische Erziehung" kann jetzt auch im Montessori-Kinderhaus stattfinden.

„Alles hängt mit allem zusammen."

Die Ordnungsstrukturen der Welt werden einsichtig gemacht, Gesetze werden erkennbar, Verantwortlichkeiten wahrgenommen: Dies ist Gegenstand „kosmischer Erziehung" für das Alter von sechs bis zwölf Jahren.

„Ich habe einen Standpunkt in dieser Ordnung und darf auf sie verändernd einwirken."

Der Kulturauftrag des Menschen wird dem Jugendlichen bewußt gemacht. Er muß Stellung nehmen und verantwortlich handeln lernen: „kosmische Erziehung" des Jugendalters.

Für alle Altersstufen gilt, daß Kinder und Jugendliche erfahren können:

„Die Welt ist grundsätzlich gut geordnet, denn sie kommt von Gott. Wir Menschen haben einen besonderen Auftrag in dieser Ordnung: Gottes Wille soll durch unsere Mithilfe immer mehr sichtbar werden. Das tut uns gut und bringt Frieden in die Welt."

Läßt sich für diese Leitlinien auch ein methodischer Weg aufzeigen? Gibt es gar spezielle Materialien dafür?

Entscheidend ist, ob und inwieweit ein Pädagoge die skizzierten geistigen Grundlagen für sich akzeptiert und realisiert.

Er wird dann zu der Erkenntnis kommen, daß „kosmische Erziehung" notwendig **wissenschaftsorientiert** sein muß, daß sie Verbindungslinien und Zusammenhänge aufzeigen und dabei **exemplarisch** vorgehen sollte, daß sie dabei Themen wählen sollte, die in der Lebenserfahrung des Kindes verankert sind und seine Vorstellungskraft anregen, daß sie dabei von den „Anfängen in die Kultur" hineinführen, modern formuliert **„historisch-genetisch"** arbeiten sollte.

In **„kosmischen Erzählungen"** gibt der Lehrer einen panoramaartigen Überblick über Natur- und Kulturzusammenhänge. **Experimente,** Karten, Modelle führen zur vertieften Auseinandersetzung in Kinderhaus und Schule, **„originale Begegnungen"** werfen neue Fragen auf.

Die notwendig zu stellende letzte Frage – sie ist in den Materialien nicht sichtbar, vielleicht auch nicht möglich. Ob der Pädagoge sie aufwirft und seine Antwort anbietet – das ist eine Frage des Standpunktes und der Überzeugung.

Montessori selbst hat keine Scheu, in sogenannten **„cosmic tales“** beides miteinander zu verweben: Erkenntnis und Bekenntnis, Einsicht und Einverständnis damit, daß der Mensch auf Gott verwiesen ist, Gottes Wille sich in menschlichem Handeln aktualisieren muß.

Mario Montessori erzählt eine solche Geschichte nach, die seine Mutter in Indien als Modell einer „kosmischen Erzählung“ vorgetragen hatte.

Der Erzählung vorausgegangen war eine Auseinandersetzung mit der Evolutionstheorie im Vergleich mit dem biblischen Schöpfungsbericht (vgl. dazu Mario Montessori, in: AMI-Communications Nr 4, 1958, S. 226–232).

„Gott, der keine Hände hat

Zu allen Zeiten haben die Menschen von Gott gewußt. Sie konnten ihn fühlen, auch wenn sie ihn nicht sehen konnten, und ständig fragten sie in ihren verschiedenen Sprachen schon immer danach, wer Er sei und wo man ihn finden könne.

‚Wer ist Gott?‘ wollten sie von ihren weisen Männern wissen.

‚Er ist das vollendetste aller Wesen‘, bekamen sie zur Antwort.

‚Aber wie sieht Er aus? Hat Er einen Körper wie wir?‘

‚Nein, einen Körper hat Er nicht. Er hat keine Augen, um zu sehen, keine Hände, mit denen Er arbeiten und keine Füße, auf denen Er gehen kann, dennoch sieht Er alles, weiß alles, selbst unsere geheimsten Gedanken.‘

‚Und wo ist Er?‘

‚Er ist im Himmel und auf dieser Erde. Er ist überall.'

‚Was kann Er tun?'

‚Was immer Er zu tun wünscht.'

‚Aber was hat Gott denn tatsächlich vollbracht?'

‚Er hat alles gemacht, was jemals entstand. Er ist der Schöpfer und Herr, der alles geschaffen hat. Und alles, was Er geschaffen hat, gehorcht Seinem Willen. Er sorgt für alles und hält alles von Ihm Geschaffene in wunderbarster Harmonie und Ordnung.

Am Anfang, da gab es nur Gott. Da er vollkommen war und das Glück in sich, gab es auch nichts, dessen er bedurft hätte. In seiner Güte begann er dennoch Seine Schöpfung, und es entstand alles, was er wollte: Der Himmel und die Erde, alles Sichtbare und Unsichtbare. Nach und nach schuf Er das Licht, die Sterne, den Himmel und die Erde mit ihren Pflanzen und Tieren. Den Menschen wie die Tiere schuf er aus Teilchen der Erde, aber den Menschen schuf Gott anders als die Tiere. Er schuf ihn nach sich selbst, denn in seinen sterblichen Körper hauchte er eine unsterbliche Seele.

Viel Menschen hielten dies nur für ein Märchen. Wie konnte jemand, der selbst weder Hände noch Augen hat, Dinge erschaffen? Wenn Gott ein Geist ist, der sich weder sehen noch hören, noch berühren läßt, wie konnte er dann die funkelnden Sterne, das ewig brausende Meer, die Sonne, die Berge und den Wind erschaffen haben? Wie konnte ein Wesen ohne Körper die Vögel, Fische und Bäume gemacht haben, die Blumen und den Duft, den sie verbreiteten? Vielleicht war es Ihm möglich, Unsichtbares zu schaffen, aber die sichtbare Welt? Schön und gut zu sagen, Gott sei überall, aber wer hat Ihn jemals gesehen? Wie können wir sicher sein, daß Er da ist? Man sagt uns, er sei der Herr, dem alles gehorcht, aber weshalb sollen wir das glauben?

Es erscheint uns unmöglich. Wir, die wir Hände haben, könnten nichts dergleichen tun; wie könnte jemand ohne Hände so etwas schaffen? Und kann man sich vorstellen, daß die Tiere, die Pflanzen, die Berge Gott gehorchen? Die Tiere verstehen nicht, wenn wir zu ihnen sprechen, wie also sollten sie gehorchen können? Und gar erst der Wind, das Meer, die Berge? Soviel wir auch rufen, schreien und mit den Armen rudern, sie können uns doch niemals hören, sie sind ja nicht einmal lebendig, und gewiß werden sie uns nicht gehorchen.

Ja, so kommt es uns vor. Jedoch, ihr werdet sehen, daß alles, was existiert, sei es lebendig oder nicht, dem Willen Gottes gehorcht in allem, was es tut und so wie es ist.

Gottes Geschöpfe wissen nicht um ihren Gehorsam. Die unbelebten Dinge existieren einfach; die lebendigen leben ihr Leben. Aber jedesmal, wenn ein kühler Wind deine Wange streift, sagt seine Stimme, falls du sie verstehen könntest: ‚Herr, ich gehorche.' Wenn morgens die Sonne aufgeht und ihre Strahlen auf dem Meer glitzern, flüstern die Sonnenstrahlen und das Meer ebenso: ‚Herr, ich gehorche.' Und wenn du Vögel siehst oder Früchte, die vom Baum fallen oder einen Schmetterling auf einer Blume, wiederholen die Vögel auf ihrem Flug, der Baum und die Früchte, der Schmetterlimng und die Blume dieselben Worte: ‚Ich höre, mein Herr, und ich gehorche.'

Am Anfang gab es nur Chaos und Dunkelheit und Tiefe. Gott sprach: ‚Es werde Licht', und es wurde hell. Vorher war nur Tiefe dagewesen: Eine Riesigkeit an Raum ohne Anfang und ohne Ende, unbeschreiblich dunkel und kalt. Wer vermag sich diese Größe vorzustellen, diese Dunkelheit und diese Kälte?

Wenn wir an Dunkelheit denken, so denken wir an die Nacht. Aber unsere Nacht wäre heller Sonnenschein im

Vergleich zu jener Dunkelheit. Wenn wir an Kälte denken, so denken wir an Eis. Aber Eis ist geradezu heiß, vergleicht man es mit der Kälte des Weltraums zu Anfang der Zeit, heiß wie ein aufgeheizter Schmelzofen, aus dem keine Hitze entweichen kann. In dieser maßlosen Leere aus Dunkelheit und Kälte wurde das Licht geschaffen. Es erschien eine Art riesige, glühende Wolke, die alle Sterne des Himmels enthielt: Das ganze Universum war in jener Wolke verborgen, und unter den winzigsten Sternen auch unsere Welt. Zunächst gab es aber die Sterne noch gar nicht, zunächst gab es nichts außer Licht und Hitze. Die Hitze war so intensiv, daß alle Substanzen, die uns bekannt sind, wie Eisen, Gold, Erde, Felsen, Wasser, alle gasförmig waren – wie die Luft. Alle Substanzen, aus denen die Sterne und die Erde sich zusammensetzen, waren verschmolzen in einer riesigen, glühenden Intensität aus Licht und Hitze – eine Hitze, gegen die unsere heutige Sonne wie ein Stück Eis erscheint. Diese rasende glühende Wolke, die zu groß ist, um sie sich vorstellen zu können, bewegte sich in der Unendlichkeit des eiskalten Weltraumes. Die glühende Masse war nicht größer als ein Tropfen Wasser im Ozean des Weltraumes. Aber dieser Tropfen enthielt die Erde und alle Sterne, die in Wirklichkeit flammende Sonnen sind und millionenfach größer als die Erde.

Als diese Wolke aus Licht und Hitze sich durch den leeren Weltraum bewegte, lösten sich kleine Tropfen heraus, wie wenn du Wasser aus einem Glas schwenkst; einiges bleibt davon zusammen, wogegen der Rest sich in einzelne Tropfen auflöst. Die zahllosen Mengen an Sternen gleichen solchen Tropfen; nur daß sie sich durch den Weltraum bewegen anstatt zu fallen, und zwar in einer Weise, die sie nie zusammenstoßen oder einander wieder begegnen läßt. Sie sind Millionen von Kilometern voneinander entfernt.

Einige Sterne haben von uns eine so große Entfernung, daß es Millionen Jahre dauert, bis ihr Licht uns erreicht, obwohl das Licht in einer Sekunde 300 000 km zurücklegt.

Gott gab ihnen spezielle Gesetze, denen sie gehorchen.

Sie scheinen frei zu sein, rotieren schwindelerregend durch den Weltraum ohne anzuhalten, sind aber durch ein unsichtbares Band, welches der Wille Gottes ist, an ihre Bahn gebunden.

Zwei dieser Tropfen waren unsere Sonne und unsere Welt, die auf ihren eigenen Bahnen durch den Weltraum gleiten.

Die Erde dreht sich um die Sonne und um sich selbst, ohne Ende und stets mit der gleichen Geschwindigkeit.

Als Gottes Wille die Sterne entstehen ließ, hatte Er alles im einzelnen geplant. Jedes kleinste Stückchen im Universum, jedes Körnchen, das wir vielleicht für unerheblich halten würden, sollte sich nach den von Gott vorgegebenen Regeln verhalten. Für jedes Tröpfchen der glühenden Wolke, das unsere Welt bilden sollte, hatte Er entschieden, daß kein Chaos mehr bestehen sollte. Statt einer brennenden Mischung aus Gasen sollten Luft, Wasser und Berge entstehen.

Gottes Ordnung war wundervoll einfach. (...)“

(Im weiteren Verlauf der Erzählung entfaltet Montessori in gleicher Weise die biophysikalischen Zusammenhänge der Entstehung unserer Erde. Sie schließt:)

„Felsen, Wasser, Luft – feste Stoffe, flüssige Stoffe und Gase: Jeder Stoff ist, was er ist, durch die Gradzahl seiner Temperatur. Heute, genau wie gestern oder vor einer Million Jahren werden Gottes Gesetze auf dieselbe Weise eingehalten. Die Welt dreht sich weiterhin um sich selbst und um die Sonne.

Genau wie vor einer Million Jahre flüstern die Erde und alle Elemente und Verbindungen, aus denen sie sich zusammensetzt, bei der Erfüllung ihrer Aufgabe mit einer Stimme:

‚Herr, Dein Wille geschehe, wir gehorchen.'"

In erzählender, „narrativer" Weise werden den Kindern Einblicke in Physik, Chemie und Biologie, in die Geschichte des Lebens und der Menschheit eröffnet, immer ineins mit Philosophie und Religion.

Die Ganzheitlichkeit einer solchen „kosmischen Erziehung" ist kaum überbietbar, zumal in der Praxis der „kosmischen Erziehung" zahlreiche Schaubilder und Experimente den Eindruck der Erzählung (und es ist die erste von fünf weiteren ‚cosmic tales', die auf Montessori zurückgehen) bei den Kindern noch vertiefen und erweitern helfen.

Wer die Texte genauer studiert, wird feststellen, daß die in sie verwobenen religiösen Antworten Montessoris teilweise wörtlich auf Formulierungen des christlichen Glaubensbekenntnisses zurückgreifen.

Doch auch zu anderen (theistischen) Glaubensformen lassen sich Bezüge aufweisen. Ebenso selbstverständlich werden auch die Erkenntnisse der modernen Naturwissenschaften (z. B. die „Urknall"-Theorie oder Aussagen der Teilchenpysik) einbezogen.

Für manche ist es überraschend, daß die sonst doch materialorientierte Montessori-Pädagogik auch mit Erzählungen arbeitet.

„Wort und Zeichen", Material und Lektion, Erzählung und Erfahrung sind in der Montessori-Pädagogik ursprünglich verbunden. Auch in diesem Punkt weist die Methode über sich hinaus.

Müssen wir uns heute denn wirklich zwischen einem

naturwissenschaftlichen und einem religiösen Weltbild entscheiden?

Bequemer erscheint es allemal, uns auf die Vermittlung naturwissenschaftlicher Gesetzmäßigkeiten zurückzuziehen.

Aber warum scheuen wir die Verbindlichkeit und Eindeutigkeit eines Bekenntnisses? Ist Wissensvermittlung alles, was wir den Kindern schulden?

Der freie Wille eines Schöpfergottes und die Erkenntnis naturgesetzlicher Ordnungen schließen sich für Maria Montessori nicht aus, sondern bedingen einander.

„Kosmische Erziehung“ hält diesen Weg der Sinnfindung offen.

Sie ist auf diese Weise nicht nur ein zentraler Gedanke der Montessori-Pädagogik, sondern gleichermaßen auch ein verantwortbarer und notwendiger Weg religiöser Erziehung.

Wie empfindsam Kinder für diesen Gedanken sind, mag das folgende Erlebnis noch einmal veranschaulichen:

Grundgesetz für Gerbera

Mit dem Ältesten im Zug zu fahren macht immer mehr Freude.

Jetzt können wir schon richtig miteinander diskutieren. Über Menschenwürde zum Beispiel. Und da gibt es viel zu erörtern.

Nicht nur die Würde der Kinder ist unantastbar. Wir sind uns einig.

Nicht nur die Würde der Alten ist unantastbar. Wir sind uns einig.

„Und Papa, du bist ja fast ein Erfolgsmensch, du läßt deine Würde schon gar nicht mehr so leicht antasten. Meinst du. Aber du merkst gar nicht wie...“

Wir steigen aus.

Der Mama noch ein paar Blumen mitbringen. Gerbera, rosa, was sonst. Er sucht im Blumenladen eine aus.

„Was ist das denn? Die ist ja verdrahtet.“ –

„Damit sie sich aufrecht hält.“

„Einfach abgeschnitten, vom Leben zum Tode befördert, und dann auch noch scheinlebendig gemacht.“

Ich stutze angesichts dieses Ausbruchs.

Und dann kommt es:

„Die Würde der Gerbera ist unantastbar!“

Wir kaufen eine Topfblume. In Zukunft sind Schnittblumen unerwünscht.

Und ich denke nach über die „kosmische Mission des Menschen“.

Kapitel 11

Den nächsten Schritt wagen…
Montessori-Pädagogik und Glaubenserziehung

Aufs Kreuz gelegt

Es ist so still in unserem Kinderhaus. Heute noch mehr als sonst.

Stumm stehen sie da. Die Augen weit geöffnet.

Sie sind dabei, wenn es geschieht.

Da kommen sie. Zwei, nein drei tragen den Holzbalken. Er ist ja so schwer.

„Jesus trug ihn ganz allein auf seinen Schultern", sagt Schwester Yvonne, die Erzieherin. „Dann brach er zusammen unter der Last." Mehr sagt sie nicht.

„Seine Mutter weint, als sie ihren lieben Sohn sieht."

Der kleine Zug kommt im Begegnungsraum zwischen beiden Gruppen an.

Gesammelte Stille, Betroffenheit in Kindergesichtern.

Eine Kreuzwegstation.

Moslems sind dabei, auch Ungetaufte. Warum nicht? Orthodoxe, katholische, evangelische Kinder.

„Jesus nimmt alles auf sich – für uns."

Der Balken wird hingelegt.

„Jesus wird ans Kreuz geschlagen."

Kinder sind Realisten.

„Ja, das tut weh."

„Darf ich mich auf das Kreuz legen?" fragt ein Mädchen.

Sie kommt aus Bosnien.

Sie breitet auf dem Querbalken die Arme aus.

Jetzt sieht man die vernarbte Brandwunde.

„Mein Gott, mein Gott, warum hast du mich verlassen?" spricht es in mir.

Viele Kinder legen sich auf das Kreuz.

Ernsthaftigkeit, Tiefe, kindliche Betroffenheit.

„ Jesus stirbt am Kreuz – für alles Böse in der Welt."

Die Kerze, Zeichen des lebendigen Jesus, sie wird gelöscht.

Das Kreuz wird geschmückt.

Sie arbeiten mit Legematerial.

Das Kreuz, die Kreuze – Kinder vor dem Kreuz, oder unter ihm?

Zum Schluß ein Lied:

„Seht das Zeichen, seht das Kreuz, es bedeutet Leben..."

„Morgen feiern wir Auferstehung", sagt Schwester Yvonne.

Die Kerze wird wieder leuchten.

Der Tod hat nicht das letzte Wort.

Ich will wieder dabeisein.

Das wirkt aufgesetzt? Fremd? Das hat doch mit Montessori nichts zu tun?

Wir erinnern uns: „Erzieher, zähle deine Worte." – „Über die Sinne zum Sinn."- „Leben ist Bewegung." – „Sensibel für Sinn." – „Weltverantwortung": All diese Elemente finden sich in der kleinen Szene christlicher Glaubenserziehung wieder.

Nein, die Idee stammt nicht von Montessori, aber sie stammt aus ihrer Pädagogik, ist die konsequente Fortführung der ihr innewohnenden religionspädagogischen Kraft.

Religiöse Erziehung und Glaubenserziehung greifen für Montessori ineinander.

Was für ihre Pädagogik allgemein gilt – und wir haben ja aufzuweisen versucht, daß diese Pädagogik, so wie sie ist, bereits religiöse Erziehung darstellt, gilt selbstverständlich auch für die Glaubenserziehung.

Das ist weltweit gültig, unabhängig von dem Glauben, mit dem man ein Kind vertraut machen möchte.

In Montessoris darauf bezogenen Ausführungen verschränken sich grundsätzlich Aussagen zu Religion und Glauben mit Beispielen, Hinweisen und Aufforderungen, die meist aus dem Erfahrungsfeld ihres katholischen Christentums stammen.

„Kinder sind durstig nach einer großen Sicht. Sie brauchen mehr als Worte und Phrasen." (Spannungsfeld Kind-Gesellschaft-Welt, S. 52)

Es gibt „in der Kindheit eine Neigung, die weit über dem materiellen Leben liegt" (a.a.O., S. 45).

„Wir sehen daher, daß es eine starke Empfindungsperiode beim Kind gibt, die ihm erlaubt, Religion sinnenhaft zu erfassen." (a.a.O., S. 46)

Montessori benennt diese Sensibilitäten und formuliert Inhalte und Gegenstände einer vorbereiteten Umgebung, die diesen sensiblen Phasen für Glauben entsprechen sollen.

Dabei unterscheidet sie zwischen einer „Empfindungsperiode" (0–6 Jahre) und einer „Unterweisungsperiode" (6–12 Jahre und älter).

Auf die Frage nach dem Weg der Glaubensvermittlung antwortet sie: „Nun, wir können sie nicht geben, wir müssen sorgen daß sie sich entwickelt." (a.a.O., S. 49) Im Anschluß daran stellt sie durchaus konkret dar, wie eine solche vorbereitete Umgebung für die Glaubensvermittlung aussehen kann. (vgl. dazu auch: Kinder, die in der Kirche leben)

In ihrem Engagement für eine kindgerechte Glaubenserziehung gemäß religiös sensibler Phasen und in vorbereiteter Umgebung kennt Montessori keine Kompromisse:

„Treiben Sie die Kinder nicht aus der Kirche hinaus wie Hunde. Kein Platz ist zu heilig für Kinder. Besser läßt man die Erwachsenen gehen, die erstarrt sind und sich nicht viel ändern können, die wiederholen, daß sie einen Glauben besitzen, aber die nicht mehr sensitiv sind." (Spannungsfeld Kind-Gesellschaft-Welt, S. 51)

Aber wie soll man denn nun praktisch vorgehen?

Ist der Weg Montessoris, die in der Liturgie, der gottesdienstlichen Feier die eigentliche glaubenspädagogische Methode sieht und den sie in Barcelona im Rahmen des „Hauses der Kinder, die in der Kirche leben" (1913–1936) so eindrucksvoll praktizierte und beschrieb, heute überhaupt noch gangbar?

Dies wird gleichermaßen bestritten (z. B. H. Kl. Berg, Montessori für Religionspädagogen, Stuttgart 1994) und bejaht (z. B. bei S. Cavaletti, Das religiöse Potential des Kindes, Freiburg 1994).

Berg lehnt den Ansatz Cavalettis als theologisch und gesellschaftlich unzeitgemäß ab. Er argumentiert (aus protestantischer Sicht) mit der Theorie gegen die Praxis. Das ist zulässig, aber wenig hilfreich. Sein eigener Versuch beschränkt sich auf die Einbringung von Montessori-Prinzipien in den schulischen Religionsunterricht.

Cavaletti konzentriert sich auf die (Eucharistie-)Katechese von Jesus als dem „Guten Hirten". Das ist ein praktischer Ansatz, zeitigt bei Kindern offensichtlich tiefe Wirkung, bleibt aber insgesamt zu eng.

Ein wirklich ernsthafter Versuch von christlicher (katholischer) Seite, die Fragestellung unter nachkonziliaren Bedingungen aufzunehmen und im Ineinander von Theorie und Praxis für heute zu beantworten, liegt bis heute nicht vor.

Bekannt sind allerdings erstaunliche Ergebnisse von christlichen Montessori-Kinderhäusern, wo ohne theoretische Vorbehalte aus dem Geiste der Montessori-Pädagogik, durchaus liturgisch und ritualisiert, Glaubenserziehung organisch in den Kinderhausalltag ingegriert wird.

Den Kindern tut dies gut, den Pädagogen auch.

(Gute Hilfe leistet dabei die Arbeit von F. Kett und Schwester E. Kaufmann, wie sie in der Zeitschrift „Religionspädagogische Praxis" dokumentiert wird.)

Kurzum: Die Behauptung, Montessoris Ansatz einer sinnenhaft-liturgischen Glaubenserziehung sei von gestern, ist schwer zu belegen.

Der Verfasser vermutet eher, daß sie heute erst recht ein guter Weg für morgen ist.

Ein Gebet Montessoris

In Indien ist es Brauch, die gemeinsame Arbeit mit einem Gebet zu beginnen. Man bat daher Montessori, diese Gewohnheit bei ihren Vorträgen in Indien aufzugreifen. Sie tat dies.

In ihrem Nachlaß findet sich handschriftlich „la preghiera“ – das Gebet.

Zwei Fassungen sind überliefert.

Die erste kann jeder gläubige Mensch sprechen:

„Hilf uns, o Herr,
die Geheimnisse des Kindes zu ergründen,
daß wir es erkennen,
es lieben
und ihm dienen können
gemäß Deinen Gesetzen der Gerechtigkeit
und Deinem göttlichen Willen folgend.“

Für Christen könnte das Gebet folgendermaßen lauten:
„Hilf uns, o Herr Jesus Christus,
der Du die Kinder zu dir gerufen hast,
ihr Geheimnis zu ergründen,
daß wir sie erkennen können,
sie lieben und ihnen dienen
gemäß Deiner Gerechtigkeit
und dem Willen Gottes folgend,
der sie erschuf.“

(M. Montessori, Gott und das Kind, S 107 f.)

Primärliteratur

Montessori, Maria: The Child in the Church, in: Das Kinderheim. Zeitschrift für Kleinkinderzeihung und Hortwesen, Sonderheft, München 1998.

– Mein Handbuch, Stuttgart, 2. Aufl. 1928.
– Kinder, die in der Kirche leben, Freiburg 1964.
– Frieden und Erziehung, Freiburg 1973.
– Spannungsfeld Kind-Gesellschaft-Welt. Aus nachgelassenen Texten hrsg. von Günter Schulz-Benesch, Freiburg 1979.
– Kinder sind anders, München 1987.
– „Kosmische Erziehung", Freiburg, 2. Aufl. 1996 (im Text zitiert nach der 1. Aufl. 1988).
– Schule des Kindes, Freiburg, 6. Aufl. 1997 (im Text zitiert nach der 3. Aufl. 1989).
– Die Entdeckung des Kindes, Freiburg, 13. Aufl. 1997 (im Text zitiert nach der 10. Aufl. 1991).
– Das kreative Kind, Freiburg, 12. Aufl. 1997 (im Text zitiert nach der 8. Aufl. 1991).
– Gott und das Kind, Freiburg 1995.

Grundgedanken der Montessori-Pädagogik. Aus Maria Montessoris Schrifttum und Wirkkreis zusammengestellt von Paul Oswald und Günter Schulz-Benesch, Freiburg, 10. Aufl. 1990.

Sekundärliteratur (in Auswahl)

Berg, H. Kl.: Montessori für Religionspädagogen, Stuttgart 1994.

Cavaletti, Sofia: Das religiöse Potential des Kindes, Freiburg 1994.

Holtstiege, H.: Modell Montessori, Freiburg, 5. Auflage 1989.

– Erzieher in der Montessori-Pädagogik, Freiburg 1991.

– Montessori-Pädagogik und soziale Humanität, Freiburg 1994.

Steenberg, U.: Kinder kennen ihren Weg, Ulm/Münster, 2. Aufl. 1997.

– Handlexikon zur Montessori-Pädagogik, Ulm/Münster 1997.

Kinder verstehen

Janusz Korczak
Kinder achten und lieben
Hrsg. von Annelie Ölschläger
Band 4666

Was Kinder wirklich brauchen und wie Erwachsene gemeinsam mit Kindern das Leben gestalten können. Ein Buch voll überraschender Einsichten.

Adelheid Utters-Adam
Kinder fragen „Wo wohnt der liebe Gott?"
Ein Vorlesebuch mit Illustrationen von Andrée Prigent
Band 4536

Eine inspirierende und charmante Einladung, mit Kindern den Sinn von Leben und Religion zu erschließen.

Marianne Sedivy
Über Gott und Gummibärchen
Überraschende Geschichten und tiefe Gedanken aus Kindermund
Band 4464

Spontane, spirituelle Einsichten von Kindern zum Schmunzeln und Nachdenken.

Armin Krenz
Kinderfragen gehen tiefer
Hören und verstehen, was sich hinter Kinderfragen verbirgt
Band 4357

Eltern kommen ihren Kindern näher, wenn sie richtig auf die Fragen ihrer Kinder eingehen können.

Eva Zoller
Die kleinen Philosophen
Vom Umgang mit „schwierigen" Kinderfragen
Band 4344

Typische Kinderfragen können einem häufig die Sprache verschlagen. Eva Zoller erschließt den „Großen" neue Möglichkeiten, ihren „Kleinen" zu begegnen.

Peter Veith
Eltern nehmen Kinder ernst
Die 7-Schritte-Methode zur Lösung von Familienkonflikten nach Rudolf Dreikurs
Band 4640

Ein leicht anwendbares Programm, das hilft, in Konfliktsituationen den Bedürfnissen von Eltern und Kindern gerecht zu werden.

Xenia Frenkel
Kindern Werte mitgeben
Worauf es ankommt und wie es gelingt
Band 4632

Emotionale und soziale Fähigkeiten sind ebenso wichtig wie Durchsetzungskraft und Selbstbewußtsein, um im Leben erfolgreich zu sein. Ein spannender, konkreter Elternratgeber.

Michael Rohr
Freiheit lassen – Grenzen setzen
Wie Eltern Sicherheit gewinnen und ihren Kindern Halt geben
Band 4618

Der kompetente Kinderarzt ermutigt Eltern, mit den Kindern zusammen das sensible Gleichgewicht zwischen Freiheit und Begrenzung immer wieder neu zu finden.

Gerda Wichtmann
Kinder brauchen Orientierung
Ein praktischer Ratgeber nach Maria Montessori
Band 4608

Kinder brauchen Freiräume, aber auch feste Regeln, um sich gut zu entwickeln. Viele Beispiele aus dem Erziehungsalltag zeigen, wie dies gelingen kann.

Irene Ehmke/Heidrun Schaller
Kinder stark machen gegen die Sucht
Der praktische Ratgeber für Eltern und Erziehende
Band 4538

Hinter jeder Sucht ist eine Sehnsucht. Hier gilt es vorbeugend anzusetzen und die Lücke, die das Kind über das Suchtmittel zu schließen versucht, sinnvoll zu ersetzen.